诗画民宿

只为诗意地栖居

郑文霞 郑亚男 高钰琛 高红 著

民主与建设出版社

·北京·

图书在版编目（ＣＩＰ）数据

诗画民宿：只为诗意地栖居 / 郑文霞等著. -- 北
京：民主与建设出版社, 2022.10
ISBN 978-7-5139-3937-9

Ⅰ. ①诗… Ⅱ. ①郑… Ⅲ. ①旅馆－建筑设计 Ⅳ.
①TU247.4

中国版本图书馆 CIP 数据核字(2022)第 152931 号

诗画民宿：只为诗意地栖居

SHIHUA MINSU ZHIWEI SHIYI DE QIJU

著　　者	郑文霞　郑亚男　高钰琛　高红
责任编辑	王颂
封面设计	许岳鑫　郑亚男
版式设计	孟越　齐洋毅　诺敏　王广权
出版发行	民主与建设出版社有限责任公司
电　　话	（010）59417747　59419778
社　　址	北京市海淀区西三环中路 10 号望海楼 E 座 7 层
邮　　编	100142
印　　刷	东莞市鹏城雅致印刷科技有限公司
版　　次	2022 年 10 月第 1 版
印　　次	2022 年 10 月第 1 次印刷
开　　本	710 毫米 ×1000 毫米　　1/16
印　　张	20
字　　数	160 千字
书　　号	ISBN 978-7-5139-3937-9
定　　价	328.00 元

注：如有印、装质量问题，请与出版社联系。

民宿，关乎于造型、结构、材料，亦关乎于文化、艺术、哲学、美学、历史，一砖一瓦、一草一木、一水一色构建的是空间，亦是人类文明的发展足迹。

中国几乎所有的艺术都追求意境之美，在环境居住设计美学中，因为设计与物质生活的紧密联系，其有用和适用之形虽然限制了对于意境的自由表达，但在形之上仍然表现出对超然于形式之外的意境追求。

诗画民宿设计把诗与画、情与景、意与形、意与境融合在一起，从崇尚居诗画山水之间到寄情诗画山水，从对自然情景的再现升华到诗画山水的审美意境。诗画山水已融入了栖居者的情感，超越了自然之景，上升到审美之境，进入到栖居的美学层面。

诗画是融合诗与画为一体的艺术作品，将诗画艺术植入居住环境，营造诗情画意的栖居之所，诗中有画、画中有景、景中有生活，营造诗画相生，情景相融，与时偕行的美好生活方式。

本书收集研究分析了中国近些年建成的百余所民宿，并以"诗画民宿"为主题来迭代前述诸多概念，以回应当下疫情中与未来人们对美好生活方式的渴望。

诗画民宿不仅限于设计注重功能、讲求效用的作品，而是更多地把情感与精神注入设计中。从天人合一的环境之美、和谐统一的建筑之美、时空一体的空间之美、上善明净的栖水之美、凝香幽远的气韵之美来阐述诗画民宿的设计美学。

2022年6月

目录

从新时代我国居住环境的巨大变化和发达国家居住环境的演变轨迹，以及人民日益增长的美好生活需要可以看出，居住环境美学应该是我国新时期的必然趋势——"未来居住环境的至高境界是美学"。

一、中国美学的诗词、绘画、园林、建筑本是一体

在中国的美学世界里，玄妙、留白、意境、气韵生动、天人合一，才是美的最高归宿。诗词的"忽逢桃花林，夹岸数百步，中无杂树，芳草鲜美，落英缤纷"，绘画的"在泼墨山水画里，你从墨色深处被隐去"，园林的"疏密得宜，曲折尽致，眼前有景"，这不仅仅只是艺术的表现，也反映着古代文人的精神修养和人生智慧。

中国古典园林博大精深，在世界园林体系中独树一帜。它以"万物与吾一体"的"意境"营造，采取"乘物以游心"的方式，集建筑、山水、诗画、雕刻等诸多表现形式为一体，让人们从大自然中获得精神愉悦和自由。"一峰则太华千寻，一勺则江湖万里"，只山片水寥寥几物，无不使人感到"咫尺之内，便觉万里之遥，言有尽而意无穷"。在某种程度上，它早已超越了人们最基本的居住要求，成为一种心灵的寄托与抚慰。

中国园林建筑与诗词、绘画等艺术紧密结合，形成了在世界上独树一帜的、富有诗情画意的艺术风格。中国美学从崇尚自然到寄情山水，把对自然的审美提升到了"畅神"的高度。在山水自然中感受着美，在情感上与之呼应，山水具有和人神交的秉性，这样的山水之境既是身体的安顿之所，亦是心灵的归属之地。

二、中国环境设计思想与美学观是基于哲学与世界观

中国传统居住环境设计思想与美学观念建立在中国人的哲学思想和世界观上。

儒家把自然美与人的精神和道德情操联系起来，对传统居住环境设计美学产生了重要而深远的影响。道家对自然的认识从人与天地万物的同一种超越，获得了精神自由、心灵解放，影响了传统居住环境设计的美学判断。中国士人的退隐情结和隐居山林的生活理想，长久地存在于中国人的居住方式和居住文化中。中国的风水术十分吻合传统居住环境景观的美学理念，成为了居住环境设计的指导原则。传统的园林设计是中国人居住环境美学思想的物化，其审美意义甚至超过了居住的功能需求。传统居住环境的设计者把意与形、意与境融合在一起，从崇尚自然到寄情山水，从对自然情景的再现升华到山水的审美意境。与中国传统审美强调"神游""目想""妙悟"等一致，人们对传统的居住环境的审美，将个体主观的感性与客体的理性相融合，重视体验、领悟，从个体主观的悟性和社会群体认知的角度，去领会、感知环境和空间的美。

所以，中国的居住美学是形而上，但实际上它的根基一定是形而下的，形而上的文化美学无形地浸透在所有形而下里，这才更加重要，也更加可持续。

三、"诗画民宿"不仅是一个设计，更是一个世界的建造

中国传统居所的设计和审美与中国传统哲学文化息息相关，对于中国人来说，房屋和宇宙是相统一的，房屋就是一个小型的宇宙，与周围环境相合，与整个自然相契，与整个文化相融。

影响中国文化最深的就是儒释道思想，儒家的入世思想，以礼为社会规范，并以此制定了严格的、明确的标准，如建筑的规模大小、高低，对应着不同的社会阶层。而佛道的出世思想，追求审美化的栖居理想，和"采菊东篱下，悠然见南山"的人生意境。

在中国哲学思想的影响下，中国文化人追求人与自然的亲和关系，即"天人合一"。在这种文化背景下，中国传统居住设计的美学思维重视整体、讲求辩证，理性与感性辩证融合，形神兼备、情景契合，与自然和谐统一。

我们从宋代山水画的意境，到明清园林的审美情趣，解读中国传统文化、艺术，更以建筑的角度，从中探寻传统文化、东方哲学的美学价值。

"诗画民宿"不仅是一个设计，更是一个世界的建造，而且承载着中国人的哲学、美学观念。除了"可赏"，其核心是对美好生活方式体验的塑造。每个民宿能提供一个足够的美学背景，让人们亲身感受，在环境、建筑、空间、陈设、色彩之中……

本书中每一个民宿都是一幅有着诗书画印的优秀神品，就像古代的经典诗词画作，有自己独有的故事，自己深情的诗语，自己唯美的画意，自己幽深的境界。

第一章

实践

天人合一的 环境之美

中国哲学强调提升人的精神境界，以超越现实世界。提升人的精神境界的途径，就是中国文化里讲的修身养性，在现有的秩序中寻找到恰当的位置和心灵的寄托。

在长期的农耕文明和生产过程中，中国古人逐渐认识到天时、地利等自然条件对人的生产、生活有极大的制约作用，认识到天地、日月、星辰、山川、风雨、云雾等自然因素与人息息相关，产生了"天地者，生之本也""天地之大德曰生"等观念。中华民族的祖先将自然的"养人""利人"称为"大德"，这表现为一种感恩的自然崇拜观念，其经过漫长的历史发展积淀为民族文化心理结构，在哲学上体现为"天人合一"的思想。

儒家思想把人的精神品质和道德情操与自然相联系，强调"人和"；而道家追求"天和"，达到与"天乐"的境界。中国传统园林设计最能代表中国古人理想的居住环境。传统园林设计是中国人居住美学思想的物化，其审美意义超过了居住功能需求。在园林设计中，山石、花木、水池等自然景观构成了景观的主要内容，占地和数量都远超居住的功能建筑。堆山叠石、水景池岸、亭园景观和花木的配置极为重要，关乎人们在园林的游行中能否领略到艺术和诗意的美感。就如童寯先生曾谓拙政园"藓苔蔽路，而山池天然，丹青淡剥，反觉逸趣横生"。

中国传统文化的"和"与"中庸"思想也被运用在园林的设计美学中，如《红楼梦》中描绘到："这园子却是如画儿一般，山石、树木、楼阁房屋，远近疏密，也不多，也不少，恰恰就是这样。你就照样往纸上一画，是必不能讨好的。这样看纸的地步远近，该多该少，分主分宾，该添的要添，该减的要减，该藏的要藏，该露的要露。"园林所营造的山水意向，实中有虚，虚中有实，严谨中求生动，规整中富变化。

中国人的价值观念、处世哲学、生活方式和审美趣味，也都体现在中国传统建筑的布局、形制和设计思路上。

在《山林共鸣——犹如亲临卷轴风景画中：马儿山村·林语山房民宿》项目，诗情：情在"林语"中，画意：意在"山房"中。

远山近林是场地内最直观的感受，为了不改变原有的场所感，树木被尽可能地保留。建筑被植被包裹，人又被建筑包裹，保留了原始的"犹抱琵琶半遮面"的隐秘感的同时，行走在地面层时的体验也变得层次丰富了起来。同时不同季节林木形态不同，环境的通透性也会变得不同，夏季茂密的叶片与冬季裸露的枝干掩映下建筑的可视度也有所差异。

这是一次相对综合的一体化设计实践，涵盖了项目定位策划、区域规划、建筑、室内、软装、景观、灯光、结构、水电暖、智能、标识导视全专业、全系统、全过程的整体设计，全盘考虑，一体化设计落地。形成建筑与室内空间的连贯性，硬装和软装搭配的完整性，建筑跟景观衔接的延续性，结构与材料关系的统一性，各方面在图版和实践中做到比较好的配合，也减少了很多施工过程中各专业各工种的矛盾冲突，大大缩短了项目的施工周期，建筑室内景观施工紧密衔接，节省了大量的造价成本。同时一体化的设计过程保证了设计语言系统的完整，材料体系的贯穿，实现室内外自然过渡，创造了空间的完整体验，最后呈现完整统一的空间效果。

在《吾心安处——诗意的栖居之所：富阳阳陂湖湿地生态民宿·燕屋》项目中，诗情：情在"游"中，画意：意在"屋"中。

富春江流经的富阳，自古以来就是一块宝地。富阳阳陂湖是一个被修复的湿地公园，湿地公园中央有大小两座小岛，呈长条状，中间以木拱桥连接。周边皆为大面积水域和植被，作为几个打散式小客房的居所甚好。燕屋就坐落在小岛上，位置独立而私密。七个小房子沿着小岛边缘分布，尽量临水，距离得当，各有独特的景观视野。住客可以通过岛上的小石板路过桥进入，也可以泛小舟而上岛，感受两种不同的体验。

湿地生态酒店由两个客房类型有机打散分布组成，都是运用了在大屋顶下生活的概念，大屋顶也像是翅膀，如小鸟般栖居于此，在岛上停留片刻，轻轻落在水面上。古人造物很喜欢因地制宜，轻巧地介入自然，用木头把房子架在水上，房子被自然融入与包裹，这种生态观念在中国人的骨子里就一直存在。这种江南性一方面在于对房子虚体空间属性的理解，放大檐下空间的比例，连接人居空间与自然天地，同时通过对尺度的把握创造怡人的居住空间，营造一种人、空间、自然三者之间的和谐关系。

© 赵奕龙

山林共鸣——犹如亲临卷轴风景画中

马儿山村·林语山房民宿

01

寂寞掩柴扉，苍茫对落晖。
鹤巢松树遍，人访荜门稀。
绿竹含新粉，红莲落故衣。
渡头烟火起，处处采菱归。

——《山居即事》【唐】王维

项目名称：张家界马儿山·林语山房（又名燕儿窝）
设计时间：2019.02—2019.06
建造时间：2019.08—2020.08
项目地点：湖南省张家界市马儿山村
建筑面积：1200 m²
项目业主：张家界美丽乡村旅游开发有限公司
项目类型：文旅民宿酒店
设计单位：尌林建筑设计事务所
主持建筑师：陈林
建筑设计师：刘东英、时伟权、陈松
室内建筑师：刘东英、时伟权、陈伊妮
软装设计：陈伊妮、时伟权、赵艺炜
品牌设计：虚谷设计
结构设计：高翔
植物设计：物喜·陆辰
家具品牌：中房
结构形式：混凝土框剪／钢木结构
设计范围：规划、建筑、室内、软装落地、景观、品牌标识、一体化设计
建筑材料：木模混凝土、非洲柚木、毛石墙、青砖、土砖、小青瓦、水磨石、水洗石、合成竹
建筑摄影：赵奕龙、吴昂

缘起

马儿山村离张家界主城区约 25 分钟的车程，相较于张家界景区，这儿的山虽不是奇峰却也林木葱茏，加上零星散落于山坡田野间的民居，别有一番野趣。场地上原有两个用来烧烤的木构亭子，被松树、苦莲子树、小竹林、银杏林包围。北面远望可见连续的山景，如卷轴般铺展在视野内。这般环境及氛围，成为了林语山房设计过程中最有力的依据。

马儿山村有一定的建设条件，作为张家界美丽乡村的典范，已有基本固定的当地游客来源。周末时分，选择来此游玩休憩的游客不少。业主本人在马儿山村长大，自然对这儿怀有深厚的感情。民宿的改造既希望可以具备满足回乡居住的舒适条件，又能够不改变原有的乡村式的精神寄托之所。

傍晚银杏林看向民宿 © 赵奕龙

架在石坎上被看全的东立面 © 赵奕龙

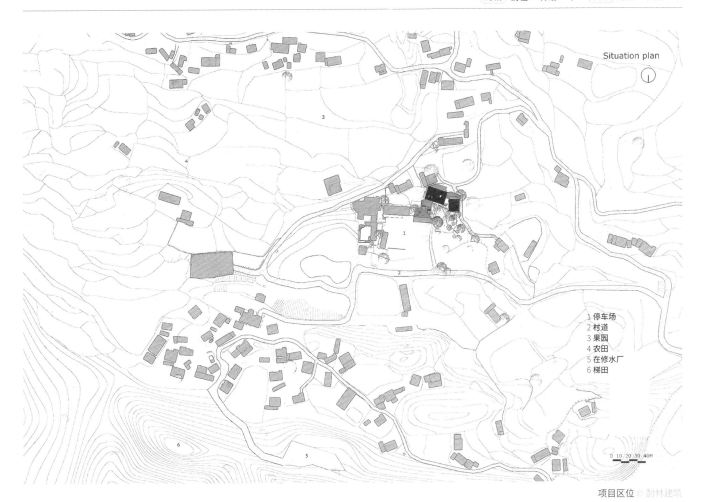

Situation plan

1 停车场
2 村道
3 果园
4 农田
5 在修水厂
6 梯田

0 10 20 30 40M

项目区位 © 封林建筑

场地策略和场所精神

　　建筑用地是由三个宅基地组成，长条状地块，在东西方向上有将近 3m 的高差，两个宅基地位于西侧，一个宅基地位于东侧下端，刚好建筑就形成了两个主体量，一高一低，一大一小，中间用一部半通透的楼梯廊道连接两边。而场地又南高北低，利用原有场地的关系顺势挖了一部分地下空间，作为后勤储藏和设备用房，东侧的这部分高差则设计成一个开放的灰空间，为客人提供半室外的灵活空间使用。场地中的水系景观也顺着室外场地台阶逐级流下，形成多个小瀑布水口，构成流水声一直伴随着行走路径的体验。

　　远山近林是场地内最直观的感受，为了不改变原有的场所感，树木被尽可能地保留。建筑被植被包裹，人又被建筑包裹，保留了原始的"犹抱琵琶半遮面"的隐秘感的同时，行走在地面层时的体验也变得层次丰富了起来。同时不同季节林木形态不同，环境的通透性也会变得不同，夏季茂密的叶片与冬季裸露的枝干掩映下建筑的可视度也有所差异。

顺应地形逐级而下的台阶和水景 © 赵奕龙

民宿主入口夜晚场景 © 赵奕龙

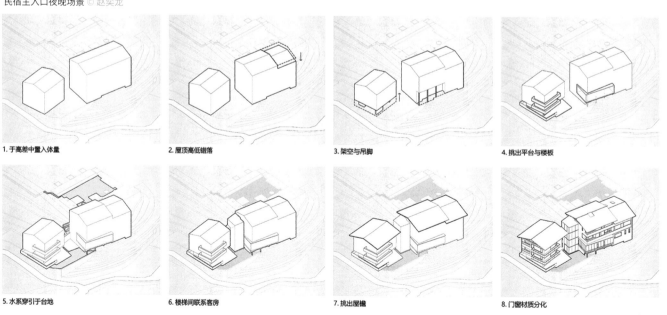

1. 于高差中置入体量

2. 屋顶高低错落

3. 架空与吊脚

4. 挑出平台与楼板

5. 水系穿引于台地

6. 楼梯间联系客房

7. 挑出屋檐

8. 门窗材质分化

方案推演过程 © 尌林建筑

架空的灰空间，远山若隐若现 © 赵奕龙

横向延展的接待大厅空间 © 赵奕龙

早餐厅对应的水吧和竹林 © 赵奕龙

远山作为关键要素，在空间中希望被不同的方式观看感受：在建筑的下部空间，山体隐隐约约在树干间透出来，越往上行走，视野开阔的同时，连续的山屏也逐渐展现。同时通过客房的不同开窗方式，远山被引入的状态也不同，有长条卷轴式，有框景片段式，有连续断框画幅式，对不同的空间尺度和类型进行呼应。

场地绝不只是场地本身，周围的树木、相邻的房舍、远处的山屏、一侧的田野、围合的竹林都是场地的一部分。人融入其中，建筑的空间和视野也围绕其展开。

远山近林，情感共鸣

一层接待大厅是一个横向展开相对低矮的空间，压缩了视觉和体感。右行下几步台阶进入下沉的休闲区域，连续的横向玻璃窗提供了相对开阔的视野。低层树木枝叶繁盛，层叶荡漾，偶见远山。从休闲厅逐级绕行至左侧，设置了水吧和早餐厅，吧台以天然的自然景观作为背景，斑驳的竹影形成天然的动态画面。

片段式远山框景 © 赵奕龙

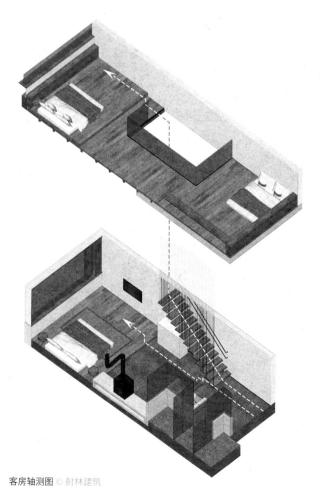

从接待厅穿过竹格栅连廊便是一层的两个客房，东北侧客房视野开阔，村子的田野景观和远山都能引入客房，不同季节入住会看到田地里不同颜色和种类的作物。客房布置简洁，空间围绕两个方向的景观展开布置，床朝向北侧的远山，喝茶区则朝向东侧田野，户外有一个 L 形的休闲阳台，卫生间干湿分离，开放自由，浴缸设置在大玻璃窗边，泡澡时让身体更接近自然。

顺楼梯踏步而上，便到了二层的客房，亲子房体验令人惊喜：空间分上下两层，内部有楼梯上下，室内根据不同使用属性设置了不同的高差和地面材料，一层布置一个大床，二层南北两侧分别有两个大床，可以提供一家人居住体验，亲子客房二层直接是建筑的屋顶木结构层裸露，阁楼北侧开了一条窄长窗，把远处的山景框入窗内，形成横轴画卷。

顶层是一个大套房，空间横向延展，从玄关转入便能看到连续的山景被引入室内，视野被完全打开，近处有部分树枝冒出，形成近景远景层次，坐在阳台，微风拂面，喝茶看山，非常舒适。套房的布局上以内天井和浴缸泡池为界分成两个区域，一半是睡觉喝茶区，一半是休闲水吧区，空间通透自由，屋顶木构梁架裸露，结构与空间的关系一目了然，清晨鸟叫声响起，打开窗帘便让人心旷神怡。

客房轴测图 © 射林建筑

连续断框画幅远山框景 © 赵奕龙

大套房室内场景 © 赵奕龙

屋顶木结构裸露的标间客房 © 吴昂

细密格栅界面的连廊通道 © 吴昂

轻盈通透的钢结构楼梯空间 © 吴昂

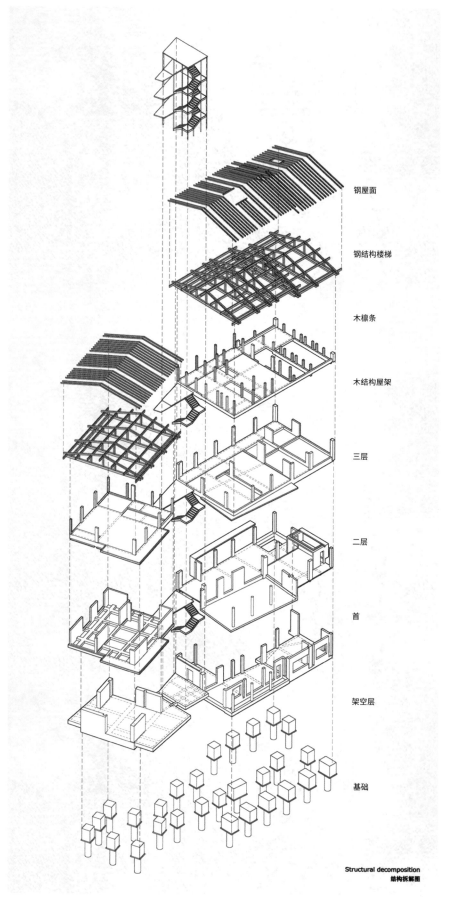

钢屋面

钢结构楼梯

木檩条

木结构屋架

三层

二层

首

架空层

基础

Structural decomposition
结构拆解图

结构拆解图 © 射林建筑

有内部悬挑楼梯的亲子客房 ⊙ 赵奕龙

豪华标间

亲子套房1　　　亲子套房2　　　顶层大套房

豪华大床房　　　　　　　　　　榻榻米标间

客房户型图 ⊙ 剖林建筑

东侧现浇出挑的体量和阳台 © 赵奕龙

结构体系和在地化材料建造

建筑的立面材料我们更希望能具有在地性，回到自然与建造的关系上，充分利用当地材料，既控制建造成本又能方便找到当地工匠施工。像垒毛石，土砖墙，水洗石，水磨石，青砖墙，小青瓦，都是当地非常常见的用材，施工工艺简单，易取材，建造精确性易把握。

在结构的选择上，我们希望结构本身就是可以被表现的，是建筑空间和墙体体系的一部分，可直接被感知。用木模混凝土一次性浇筑，既是剪力墙结构，又是内外空间墙顶面，木纹和水泥质感既纯粹又能被直接触摸，而且可以实现无柱大开间空间，减少柱子的出现，实现空间自由。木构在当地传统建筑中被广泛使用，建筑的上半部分使用纯木构，与剪力墙结构体系咬合，木构杆件在室内空间中直接裸露，无二次装饰面层，结构材即空间面材，所有电线都走在屋顶保温层空腔里，极致结合建筑结构和室内效果。

架空的室外空间，混凝土现浇裸露 © 赵奕龙

架空层平面图 © 尌林建筑

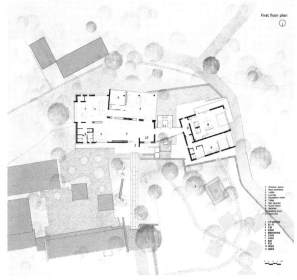

首层平面图 © 尌林建筑

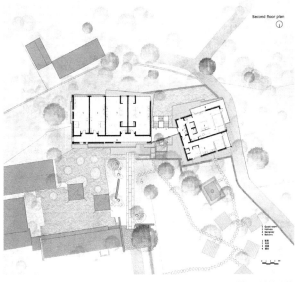

二层平面图 © 尌林建筑

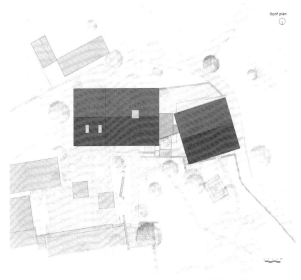

屋顶平面图 © 尌林建筑

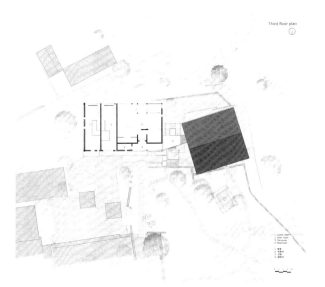

三层平面图 © 尌林建筑

理解精确性

我们总是会面临这样的问题：如何去化解传统建造和现代设计的矛盾？如何让工匠理解图纸？如何让看似零散的材料组织成空间？我的回答是对精确性控制很重要。精确不等同于精致，精确在我看来可以被理解成一种感知，一种内在的控制逻辑，可以用语言传达，可以被训练，但不一定能用图纸完整表达。精确可能是抽象的，在建造中用心感受精确会放在很重要的位置，比如我会跟垒石的工匠师傅说：垒石头的时候，自然面外露，无需水泥勾缝，水泥砂浆退进毛石墙面三公分，石墙整体关系下大上小，大小石块穿插垒砌，无需挑选颜色，1.5m 间方用拉钩与内墙体拉结。景观墙体用大于建筑墙体 1/3 大小的石块垒砌。工匠师傅基本能做到这句话的要求也就算是精确了。

东立面现浇混凝土，实木，青砖交接细节 © 赵奕龙

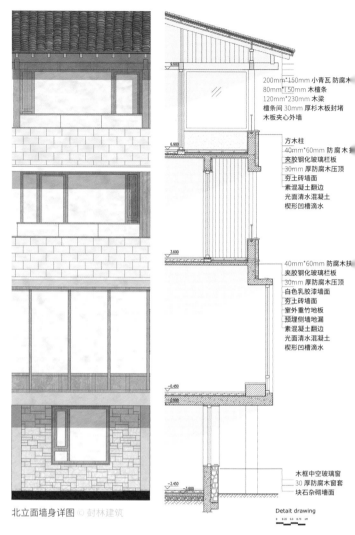

北立面墙身详图 © 封林建筑

200mm*150mm 小青瓦 防腐木
80mm*150mm 木檩条
120mm*230mm 木梁
檩条间 30mm 厚杉木板封堵
木板夹心外墙

方木柱
40mm*60mm 防腐木扶
夹胶钢化玻璃栏板
30mm 厚防腐木压顶
夯土砖墙面
素混凝土翻边
光面清水混凝土
楔形凹槽滴水

40mm*60mm 防腐木扶
夹胶钢化玻璃栏板
30mm 厚防腐木压顶
白色乳胶漆墙面
夯土砖墙面
室外重竹地板
预埋侧墙地漏
素混凝土翻边
光面清水混凝土
楔形凹槽滴水

木框中空玻璃窗
30 厚防腐木窗套
块石杂砌墙面

Detail drawing

建筑上的毛石垒砌墙面 © 赵奕龙

南立面毛石、青砖、竹格栅、实木窗框材料关系 © 吴昂

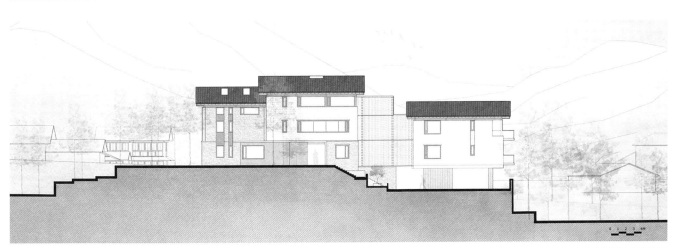

南立面图 © 尌林建筑

北立面图 © 尌林建筑

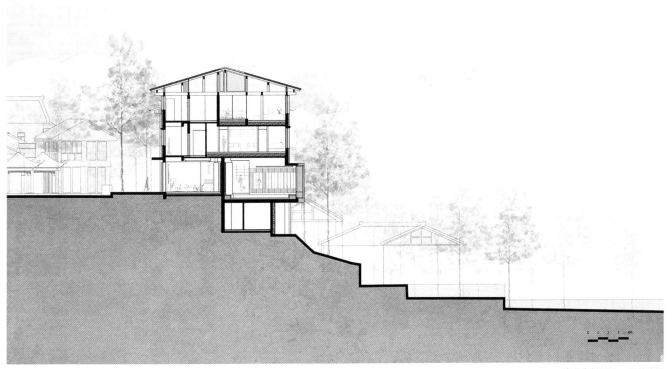

南北向剖面图 © 尌林建筑

一体化设计的实现

这是一次相对综合的一体化设计实践，涵盖了项目定位策划、区域规划、建筑、室内、软装、景观、灯光、结构、水电暖、智能、标识导视全专业、全系统、全过程的整体设计，全盘考虑，一体化设计落地。形成建筑与室内空间的连贯性，硬装和软装搭配的完整性，建筑跟景观衔接的延续性，结构与材料关系的统一性，各方面在图版和实践中做到比较好的配合，也减少了很多施工过程中各专业各工种的矛盾冲突，大大缩短了项目的施工周期，建筑室内景观施工紧密衔接，节省了大量的成本。同时一体化的设计过程保证了设计语言系统的完整，材料体系的贯穿，实现室内外自然过渡，创造了空间的完整体验，最后呈现完整统一的空间效果。

一体化设计将是我们未来实践的主要方向，也将是中小型项目的重要需求，是业主们未来最好的选择。既实现全方位设计的需求，又减少业主对接各方面设计团队的烦恼，最大程度地减少矛盾点，缩短项目建造周期，节省建造成本。

相对独立的套房休闲空间 © 赵奕龙

顶层木结构裸露的空间 © 吴昂

顶层木结构裸露的空间 © 吴昂

民宿大堂休闲空间场景 © 赵奕龙

室内局部软装效果场景 © 星奕

室内局部软装效果场景 © 星奕

吾心安处——诗意的栖居之所

富阳阳陂湖湿地生态民宿·燕屋

凤凰台上凤凰游，凤去台空江自流。

吴宫花草埋幽径，晋代衣冠成古丘。

三山半落青天外，二水中分白鹭洲。

总为浮云能蔽日，长安不见使人愁。

——《登金陵凤凰台》【唐】李白

项目名称：富阳·阳陂湖湿地生态民宿酒店
设计时间：2020.07—2020.10
建设时间：2020.08—2021.05
项目地点：杭州市富阳区阳陂湖湿地公园
建筑面积：65m² x7
设计单位：尌林建筑设计事务所
施工单位：杭州中普建筑科技有限公司
主भ建筑师：陈林、刘东英
参与设计师：王嘉欣、崔晓晗、陈松
项目类型：配套接待类·酒店建筑
业主：杭州富春山居集团有限公司
EPC总承包：中国电建华东院；浙水建安
结构形式：钢木结构轻钢装配
建筑材料：松木、茅草秸秆、小青瓦、水泥板、竹木地板、
　　　　　轻钢墙体
建筑摄影：赵奕龙

像张开翅膀的燕子落在水边，故取名为燕屋 © 赵奕龙

屋顶下的户外圆形大露台，将景色收入眼底 © 赵奕龙

富春江流经的富阳，自古以来就是一块宝地。富阳阳陂湖是一个被修复的湿地公园，湿地公园中央有大小两座小岛，呈长条状，中间以木拱桥连接。周边皆为大面积水域和植被，作为几个打散式小客房的居所甚好。燕屋就坐落在小岛上，位置独立而私密。

七个小房子沿着小岛边缘分布，尽量临水，距离得当，各有独特的景观视野。住客可以通过岛上的小石板路过桥进入，也可以泛小舟而上岛，感受两种不同的体验。

映在水中的客房灯光倒影 © 赵奕龙

匍匐在岛上的几间大屋顶房子 ◎赵奕龙

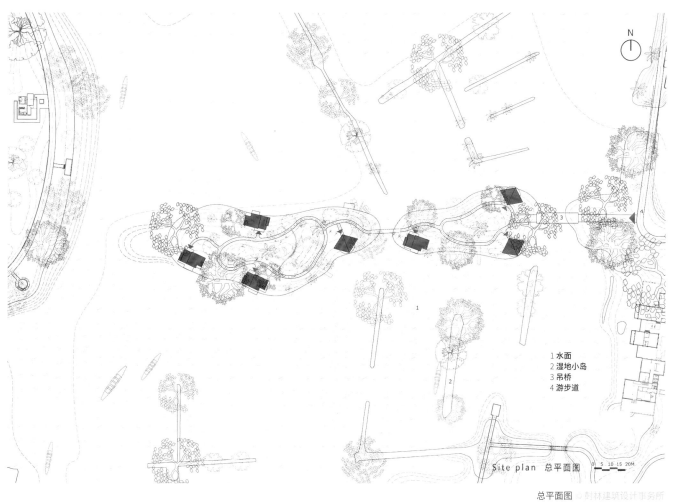

1 水面
2 湿地小岛
3 吊桥
4 游步道

Site plan 总平面图　　　0 5 10 15 20M

总平面图 ◎ 时林建筑设计事务所

傍晚透过水面看向房子和远山 © 赵奕龙

与自然为友，营造怡人居所

湿地生态酒店由两种客房类型有机打散分布组成，都是运用了在大屋顶下生活的概念，大屋顶也像是翅膀，如小鸟般栖居于此，在岛上停留片刻，轻轻落在水面上。古人造物很喜欢因地制宜，轻巧地介入自然，用木头把房子架在水上，房子被自然融入与包裹，这种生态观念在中国人的骨子里就一直存在。很多人会说这两所房子很有江南的味道，我认为这种江南性在于对房子虚体空间属性的理解，放大檐下空间的比例，连接人居空间与自然天地，同时通过对尺度的把握创造怡人的居住空间，皆是营造一种人、空间、自然三者之间的和谐关系。

另外就是让房子形态与湿地周边的山发生关系，也是房子江南性的另一层表达，房子折叠屋顶的坡度保持与山的轮廓线类似，透过近处的芦苇荡看向房子和远山，房子就好像是一种对山的回应，互相招呼，遥相呼应。

南立面图 © 甹林建筑设计事务所

清晰的钢木结构体系和材料关系 © 赵奕龙

总区位图 © 射林建筑设计事务所

1 水面
2 生态停车场
3 湿地小岛
4 游步道
5 阳陂湖
6 酒店用地

Site plan 总平面图

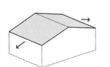

出檐

檐下空间

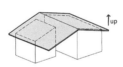

屋顶提升

屋顶变化

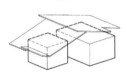

体块切分

切角

地面提升

最终形态

概念生成图 © 射林建筑设计事务所

植物和水面包裹的客房 © 赵奕龙

起翘的屋顶 © 赵奕龙

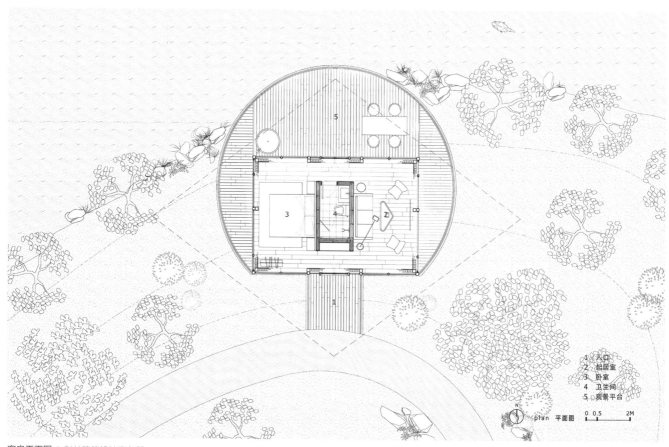

客房平面图 © 尌林建筑设计事务所

1 入口
2 起居室
3 卧室
4 卫生间
5 观景平台

plan 平面图　0　0.5　2M

设计概念

　　两个客房的室内格局不太相同，其中一个户型的室内空间非常紧凑，而室外则有一个非常大的露台，室内只是满足基本的居住需求，大部分时间可以在户外感受自然，静赏湖光山色。形态关系上两片大的三角双坡屋顶盖住了整个房间，屋顶呈一头起翘状，立面全玻璃通透，而大屋盖又限定了室内看出去的视野范围和方向。室内空间由中间的卫生间一分为二，分为了睡眠区和休闲区，空间左右对称，中间卫生间体量不到顶，整个屋顶空间连续可见。大露台上设置了一个休闲喝茶区和户外泡澡浴缸，临水设计了无框玻璃栏板让视线尽量不被遮挡。

　　另外一个户型的设计概念则是在一个大屋顶框架里置入三个小盒子，每个盒子的大小高度不同，对应着不同的功能，盒子与屋顶脱开，只是放置在构架上，看起来很轻盈，同时空气可以从屋顶下穿过，双层的屋顶也有效避免了夏天室内温度过高，起到很好的节约能耗的作用。两个露台连接了盒子体量和构架，形成一个完整的使用空间，客房将近一半是半室外的空间，强调了在自然环境中半室外体验的重要性。

　　在界面考虑上，客厅设置了可全部移开的转角落地窗，全部打开之后湿地的湖面水生植物、露台、室内就全部融为一体了，这时打开入户门还会有穿堂风，感觉很舒服。卧室设置在一个高起来两级踏步的空间体量中，有趣的是卧室顶上开了一个三角窗，在床上可以透过三角窗看到屋顶的木构架和天空。卫生间则布置在背面，与卧室连接，在大浴缸边上设置了可全部开启的落地门窗，泡澡时可以全部打开，有一种在户外泡澡的体验。卫生间外面还有一个露台，泡完澡之后可以到露台上休息。

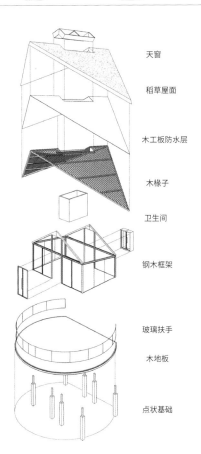

天窗

稻草屋面

木工板防水层

木椽子

卫生间

钢木框架

玻璃扶手

木地板

点状基础

结构分解示意图 © 尌林建筑设计事务所

通透的全景玻璃，晨光映入客房休闲区 © 赵奕龙

建筑远眺似几个盒子穿插到屋顶之下 © 赵奕龙

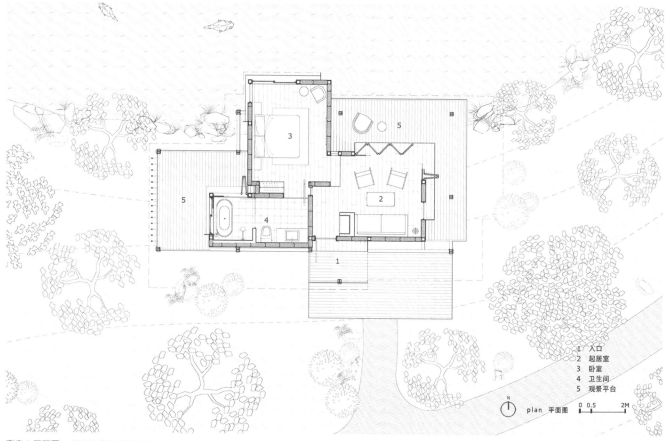

1　入口
2　起居室
3　卧室
4　卫生间
5　观景平台

N　plan 平面图　0　0.5　　2M

客房 2 平面图 © 尌林建筑设计事务所

清晰的建构、真实的建造

在建造方式上，大部分构件还是厂家预制好，来现场组装拼接。结构的选择是钢结构为主，工厂预制、现场组装和焊接，实木用在屋顶椽条梁部分，墙体则是用轻钢龙骨支撑和板材基层，外立面材料也是使用相对标准规格的板材和系统玻璃门窗，由工厂预制好现场拼装。基本实现全屋 80% 的预制化体系，施工配合好，可以实现快速精准建造，减少现场环境的破坏和垃圾、噪音。钢结构在两个房子中的运用方式不同，小户型中钢结构和空间立面屋顶系统结合，都是清晰地裸露出来，立面系统玻璃门窗填充在结构中间，形成一体的关系。而大户型则是将屋盖框架体系和室内盒子体量的结构完全分开，屋盖系统的结构全部裸露清晰可见，包括钢木连接构件，工字钢填充木头，木头构件之间的连接，还有底部架空的钢结构杆件，而盒子体量的内结构则被包裹起来，让建筑的空间表达形成很清晰的逻辑。

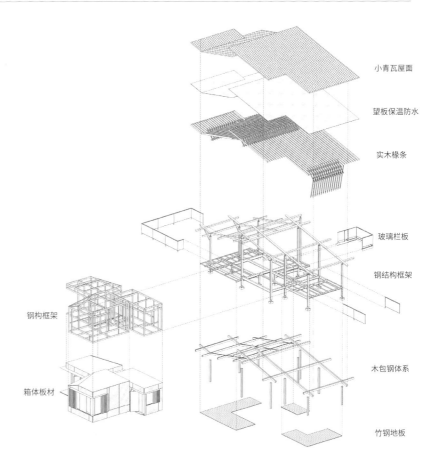

小青瓦屋面

望板保温防水

实木椽条

玻璃栏板

钢结构框架

钢构框架

箱体板材

木包钢体系

竹钢地板

结构分解示意图 © 封林建筑设计事务所

卫生间空间 © 赵奕龙

卫生间外的露台空间 © 赵奕龙

燕屋全景睡眠区 © 赵奕龙

三个盒子交接的空间，木地板与光影形成通透的几何状 © 赵奕龙

络野容膝——在山野中，回应生活的初心

○ 未见青山，慢·方舍

03

每至兹寺，慨然有葺完之愿焉。

迨今七八年，幸为山水主，是偿初心、复始愿之秋也。

似有缘会，果成就之。

——《修香山寺记》【唐】白居易

项目名称：慢·方舍
设计时间：2020
项目地点：浙江温州
建筑面积：3200m²
项目类型：商业
设计工作室：慢珊瑚设计
业主单位：乐清慢方适文化旅游有限公司
摄影：慢珊瑚设计，翰默视觉

一方天地，快慢有度，动静皆然。方知，有舍方有得。

项目位于温州乐清市下山头村，坐落在有着世界上最多、最长、最高，以滑梯为主题的铁定溜溜乐园中。项目围绕现代农业观光创新，结合美学、文化、在地元素等将现代设计融于乡野意趣中。

慢·方舍的重点在慢，让人在空间里沉静下来，不以自身意识形态为主导，而是换位思考，材料的使用避免过于精致闪耀，整体古朴敦厚。为生活在这里的人提供居住场景，赋予空间本身的属性和气质。来到这里，你只需放空自己，慢下来生活。

院落建筑外墙和室内多处使用本地石材，地面采用无机磨石，墙面用艺术涂料增添自然肌理，局部使用微水泥创造空间层次，老榆木板和金属铁板为空间增加稳重感。

软装更是追求无为而为的自然。村民自家房改建时扔掉的陶罐，被捡了回来，野外拾取一把枝干，通过一番拾掇，倒成了最好的艺术品。装置和画，是从乡村建设过程的照片集合中，精挑细选出来的动人瞬间场景照，通过油画和老照片的特殊处理工艺，呈现出抽象、朴素的美感。

客房区过道 © 慢珊瑚设计，翰默视觉

客房 A1：每间客房大面积落地窗，最大程度引入自然采光 © 慢珊瑚设计，翰默视觉

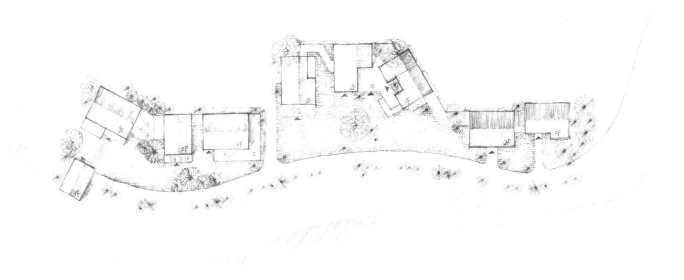

建筑总平面 © 慢珊湖设计

家具的选择没有特定的风格，符合去风格化的初心。团队淘来许多本地的家具，中古家具，沙发软垫以棉麻质感为主，色彩呈现低饱和度的高级灰。让人在这里轻松地游走，逐光而行。

尽管民宿属商业项目，但设计的宗旨是抱朴守拙，去中心化，去标签化，融入乡村，引野趣入室内。大面积的采光面把阳光和风景引入房间内，居一室，坐享山田湖海。

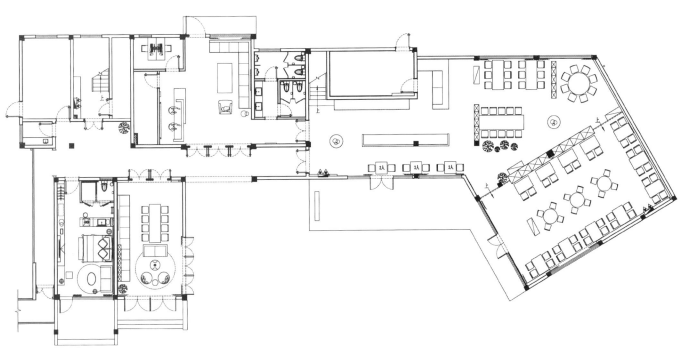

公区平面图 © 慢珊湖设计

餐厅：将石材作为墙体装饰 © 慢珊瑚设计，翰默视觉

包厢 A4 © 慢珊瑚设计，翰默视觉

客房 C4：白色石子的浴缸细节 © 慢珊瑚设计，翰默视觉

亲子书屋：云朵挂灯、木质书架、半圆形拱门设计 © 慢珊瑚设计，翰默视觉

立面图1© 慢珊瑚设计

立面图2© 慢珊瑚设计

立面图3© 慢珊瑚设计

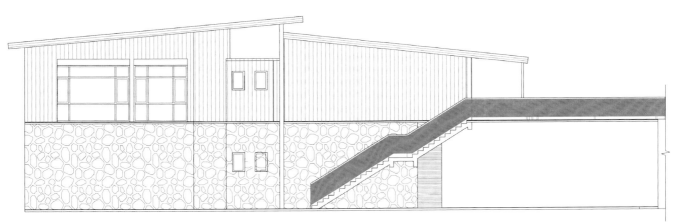

立面图4© 慢珊瑚设计

客房过道，客房室内采用质朴的老木板，结合暖白色灯光和艺术涂料将民宿融入自然 © 慢珊瑚设计，翰默视觉

休闲吧细部 © 慢珊瑚设计，翰默视觉

前厅全景 © 慢珊瑚设计，翰默视觉

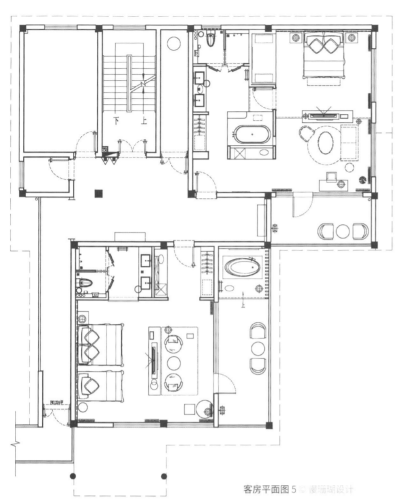

休闲吧细部：棉麻编织物的原始味道 © 慢珊瑚设计，翰默视觉

客房平面图 5 © 慢珊瑚设计

客房 E3：室外的草编栅栏具有私密性的同时兼顾美观 © 慢珊瑚设计，翰默视觉

包厢区楼梯：陶瓷艺术品，不孤独的转折 © 慢珊瑚设计，翰默视觉

亲子书屋：懒人沙发的贴心设计 © 慢珊瑚设计，翰默视觉

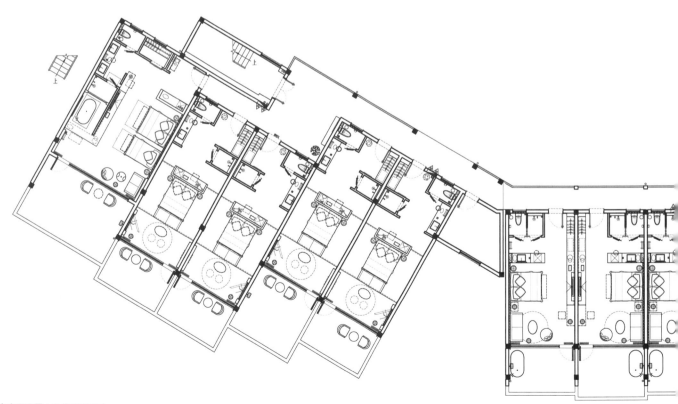

客房平面图4 © 慢珊瑚设计

客房 A4：办公区一角 © 慢珊瑚设计，翰默视觉

客房 A5：老柜子与瓷器 © 慢珊瑚设计，翰默视觉

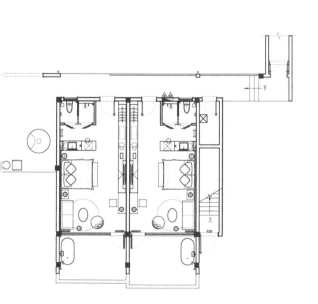

客房 A3：具有原始气息的浴缸 © 慢珊瑚设计，翰默视觉

© 陈铭

04

回应外界——被唤醒的记忆

悠然山居

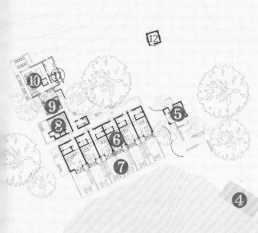

结庐在人境，而无车马喧。
问君何能尔？心远地自偏。
采菊东篱下，悠然见南山。
山气日夕佳，飞鸟相与还。
此中有真意，欲辨已忘言。

——《饮酒·其五》【魏晋】陶渊明

项目名称：悠然山居
设计周期：2016.10—2017.03
建设周期：2017.05—2018.08
地理位置：安徽省池州市青阳县九华山风景区，中国
建筑面积：500m²
设计方：门觉建筑
设计成员：黄满军，刘飞，张默，张景林子，汪娟
软装设计：赫婷婷，汪影，陈滨梨
业主方：九华山东篱下悠然山居精品民宿
材料：陶瓦，夯土，竹，石料，铜，手工瓷砖
撰文：黄满军
摄影：陈铭

九华山是中国佛教四大名山之一，山上风景优美、空气新鲜，每年上山的游客量非常大，是一个典型的全国目的地风景旅游区。项目位于九华山核心风景区塔院旁，整个地形是一个山谷盆地，水塘，竹林，古树，水杉以自然的态势生长。

设计的开始

项目前身是一个只有旅游旺季才有客源的普通经济型旅馆，这是当时山上所有经济型酒店的常态。项目方期望以设计为驱动力，做一个目的地度假型精品民宿。我们希望从重拾日常的生活美开始，呈现一种从形式到空间均可被感知的设计力。Edward Hopper 曾说"在日常的平凡事物中有一种力量，只有当我们注视良久时，才能发现它。"

内在的张力

通过接待室、客房、餐厅三种形态，建筑的整体组合成其功能属性。进入酒店的路线被现场条件所限定，因此我们挖掘出一个具叙事性入住体验的机会，从停车场、石阶、树林、茶园、石板路、水塘这一路所引发的好奇心，在最终接触空间时会得到满足。进入客房后，内部垂直的方向被设计成两个空间：水平方向由功能限定出两个体块，产生了一个具有张力的内部形态；茶室，休闲区、洗漱区、卧室区，打坐区生成场域。当漫游在这些空间时，走向地面，踏上台阶，爬上楼梯，依靠在沙发旁，抬头望向玻璃外的景色，打开旁边的木窗，坐下或站立从而产生亲密接触，在停下的瞬间，内部呈现出一种强烈的情感氛围。

潜在的原生力量

设计是一种创造行为。我们希望在每个细节上都可以找到一种全新的方法。在选择物料时，希望建筑可以回应外界，去呈现一种特定的功能，可以见证过去生活的真实，吸纳生活的痕迹。走入客房一层的茶室区，内部被木饰面所包裹，保留了一片玻璃作为内外接触的媒介。当脚踏上榻榻米，盘腿坐在蒲团上，烧水煮茶，景色、阳光、露水，尽在眼前，推开窗，微风习习，我们所期待的空间感知已呈现出来。如今，这里已然成为客人入住最喜欢待的地方。建筑的立面语言用的是水泥的体块，遗存的民居陶瓦，夯土和青竹的日常材料。我们挑选荒石料作为踏步石，耐火砖为地面，实木与钢组成的楼梯，铜皮的木门，透明的阳光板，这些材料与形式结合生成一个整体，当身体与这些物料亲密接触时，我们希望客人拥有的是一种可以与当前情境对话的心境和原生力量。

庭院景观 © 陈铭

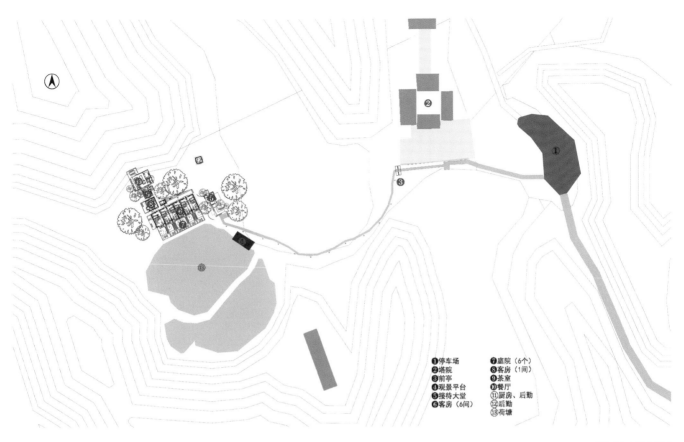

① 停车场　　⑦ 庭院（6个）
② 塔院　　　⑧ 客房（1间）
③ 前亭　　　⑨ 茶室
④ 观景平台　⑩ 餐厅
⑤ 接待大堂　⑪ 厨房、后勤
⑥ 客房（6间）⑫ 后勤
　　　　　　⑬ 荷塘

平面图 © 门觉建筑

从河塘望向酒店建筑 © 陈铭

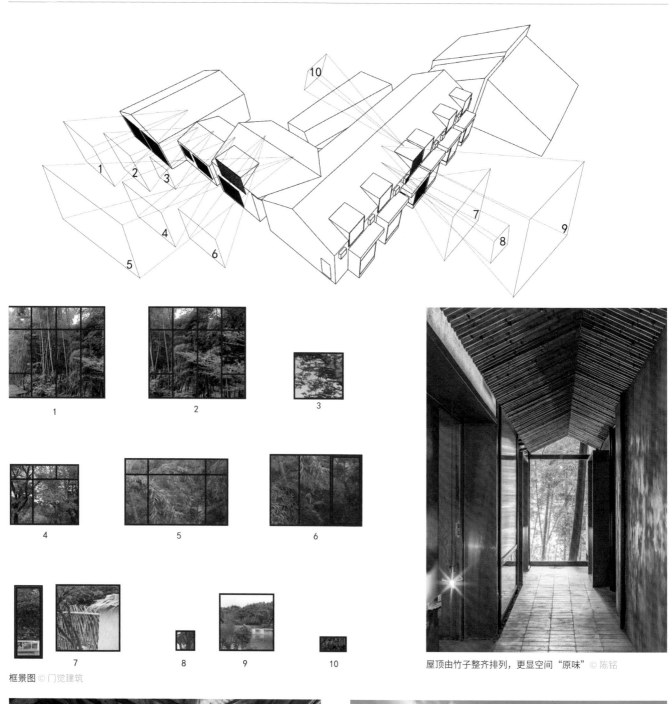

框景图 © 门觉建筑

屋顶由竹子整齐排列，更显空间 "原味" © 陈铭

客房卧室空间 © 陈铭

具有当地特色的瓦片屋顶 © 陈铭

餐厅处，地面以深色实木为主 ◎ 陈铭

茶室细部 ◎ 陈铭

客房休息区域 ◎ 陈铭

客房一层的茶室区，内部被木饰面所包裹 ◎ 陈铭

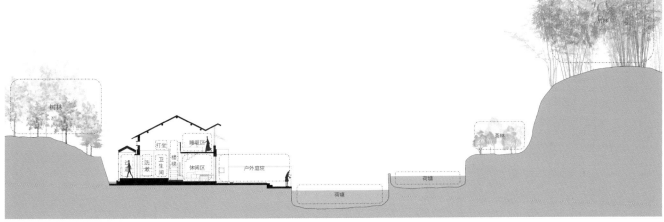

场地剖面图 ◎ 门觉建筑

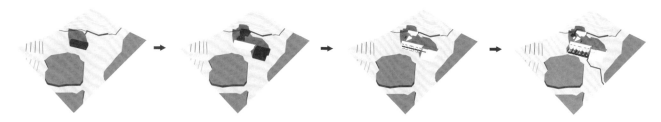

建筑分析图 © 门觉建筑

独特尺寸的窗户将外面景色更好入画 © 陈铭

实木和钢楼梯细部 © 陈铭

大量运用实木元素的餐厅 © 陈铭

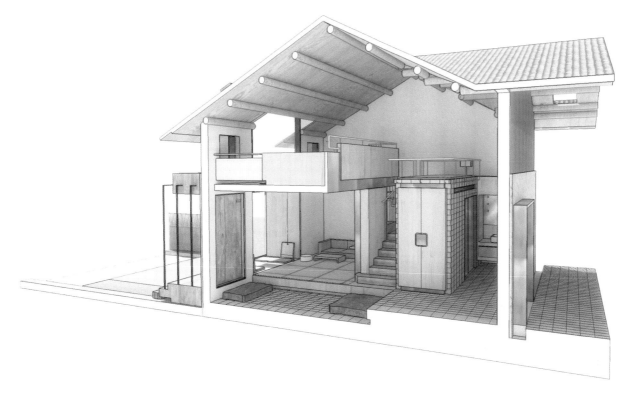

客房剖面透视图 ◎ 门觉建筑

榻榻米作为地面铺设，更显舒适 ◎ 陈铭

具有张力的内部形态 ◎ 陈铭

©Wang Xiu, Huang Jian

心怀回归——一半烟火，一半自然

宾临城精品民宿

屏居淇水上，东野旷无山。
日隐桑柘外，河明闾井间。
牧童望村去，猎犬随人还。
静者亦何事，荆扉乘昼关。

——《淇上田园即事》【唐】王维

项目名称：宾临城精品民宿
完工时间：2021.03
项目位置：浙江湖州
建筑面积：1300m²
设计公司：不无（上海）建筑设计有限公司
设计团队：黄健，宋俊樑，彭博文，高华远，时宏卓
项目甲方：湖州绿健生态休闲农业开发有限公司
软装设计：回响设计
主要品牌：永赞装饰（木作）
建筑摄影师：王琇，黄健

俯视图 © 王琇，黄健

鸟瞰 © 王琇，黄健

跳脱于城市樊笼之外，寻找内心深处的安宁；"宾临城"作为这份情感的物化，寄托着我们对于乡村的怀念、对于自然的向往。

概况

项目位于湖州市埭溪镇茅坞村，依山而建，竹林环抱；我们把视角抬高，有趣地发现，村庄与山林恰好在此相遇。

老宅由三栋楼组成，在数十年的风雨飘摇中坍塌了大半，颤巍巍地坐在山脚下，宁静、祥和。

场地南侧的小道是村里的主要交通路线，沿着道路再往北走，便是当地有名的天字古道；山溪沿着古道蜿蜒而下，在老宅前交汇出一块三角形的空地；两棵硕大的榉树偏于一角，枝繁叶茂。

立面细部 © 王琇，黄健

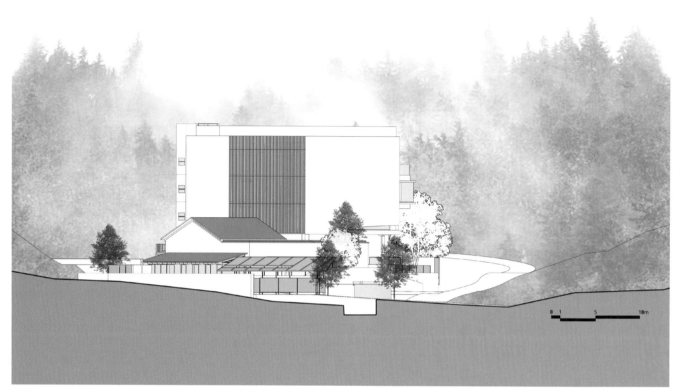

民宿立面图 © 不无建筑

建筑正面图 © 王琇，黄健

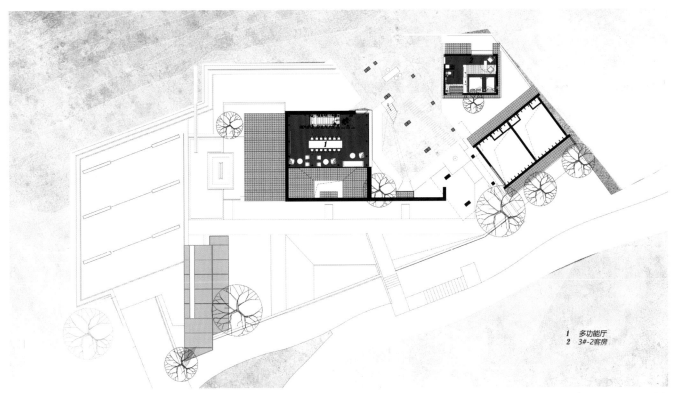

1 多功能厅
2 3#-2客房

夹层平面图 © 不无建筑

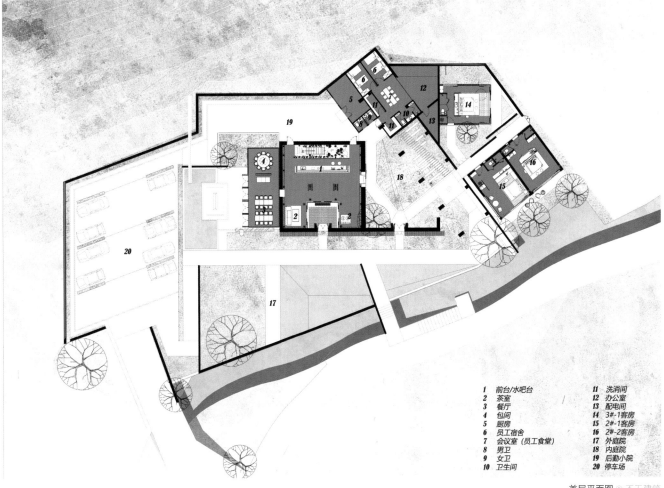

1	前台/水吧台	11	洗消间
2	茶室	12	办公室
3	餐厅	13	配电间
4	包间	14	3#-1客房
5	厨房	15	2#-1客房
6	员工宿舍	16	2#-2客房
7	会议室 (员工食堂)	17	外庭院
8	男卫	18	内庭院
9	女卫	19	后勤小院
10	卫生间	20	停车场

首层平面图 © 不无建筑

老宅原貌 © 王琇，黄健

老宅

初入老宅，没有文物似的古韵，也无法用精美来形容。

岁月留在老屋中的气息，弥散在陈旧的木屋架之间；老灶台边残留的烟渍、夯土墙上斑驳的竹影、老木门咯吱的声响、不经意间低声的犬吠，模糊地拼凑出一幅质朴的生活画面，记录下属于乡村的故事。

这些逐渐被遗弃的农房代表了独具地方色彩的传统乡村建筑文化，他们跟自然的关系远比当下的钢筋混凝土来得和谐。

场所

山林、古树、老宅、村庄构成我们对于场所的第一印象，一种独属于乡村的静谧。

随着乡村旅游的发展，民宿作为当前最合适的功能被置入；新空间的加入势必带来原有场所的扰动，已经存在的元素和新的建筑应该拥有同等的话语权。

于是，我们把思路聚焦于它们之间的关系，并在设计之初定下一个大的基调：不野心勃勃，不完全服从；顺应当下需求，塑造出一些"新"的个性，也保有一点对于"旧"的敬畏；建筑像是在与场所的对话中自然生长，小心翼翼地寻找着一种平衡。

餐厅外的小院 © 王琇，黄健

竹亭 © 王琇

俯视图 © 黄伲

立面图 © 不无建筑

策略

尚能使用的老宅经过修缮得以保留，除了必要的加固与开窗，并没有刻意地抹去一些略显粗糙的"乡土气"；新的体量如林子里的竹笋，在已损毁的房屋上破土而出。新老建筑在保有原始肌理的情况下自然更迭，产生一些新的空间，也留下一点生长的痕迹。

在乡村盖房有着严格的土地限制，新的建筑被尽量地抬高、延展；一方面让客房拥有更好的景观，另一方面也为民宿提供更多可用的空间。老宅、新房、山林在架空层里交叠，围合出有趣的灰空间；场地通过自然化的草坡与原有的山林紧密相连，也顺势将后山的景致揽入其中。

一面微斜的墙体似从草坡上长出，村庄与山林在此过渡；整体空间被一分为二，一半用于公共活动，一半用于居住；行走于场地中的人们，随着视线的变化形成两种截然不同的感受。

朝着村庄的一侧，建筑以低调的姿态呈现，设计在其中尽量保持着克制。老宅与新房之间形成简洁的构图关系，也削弱了稍显庞大的新建筑体量对村庄造成的视觉侵略。

面向山林的另一侧，建筑突然变得张扬。13间不同格局的客房在竹海中肆意生长，寻找最佳的景观视野。不同的体块之间有序错动、交叠，积极地回应周边环境和视野的变化；大面积的落地窗将景观引入室内，也映衬出天空和山林变幻的颜色。

停车场一侧的主入口，毛石墙、竹亭、建筑、远山顺应地形的变化形成简洁而不失张力的构图；不想过多地营造"领域感"，只希望人们在行进的过程中感受到些许心境的放松。

原本三角形的空地被改造为民宿主要的户外活动空间，我们将山泉水引入，形成一个水院；这里是视线较为开阔的地方，像是一个天然的舞台，新老建筑在天空与水池的映衬下，演绎出一幕幕过去发生的、正在发生的和即将发生的事。

"竹"作为场所最直观的印象，在设计中以各种方式被不断加深；内与外的边界被逐渐消隐，"居于竹"的传统情怀在场地里疯狂蔓延。

竹林视角 © 王琇，黄健

二楼的活动室与书吧 © 王琇，黄健

内院 © 王琇，黄健

架空 © 王琇，黄健

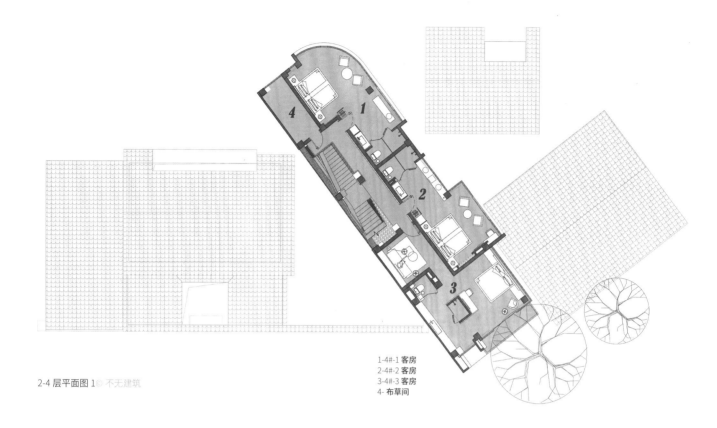

1-4#-1 **客房**
2-4#-2 **客房**
3-4#-3 **客房**
4- **布草间**

2-4 层平面图 1 © 不无建筑

休息地方 © 王琇，黄健

老灶台 © 王琇，黄健

室内

我们把"宾临城"作为城市之外的情感出口，表达出对于"回归"的渴求；这里的回归有两种定义：一种是对乡村简单生活的热切向往，另一种是对于自然环境的极致追求。于是，设计的表达和空间氛围的营造便成为一种"顺势而为"的选择。

关于老宅，我们不想刻意去还原无据可考的老屋原始风貌，也不必竭力去遮掩现状必然存在的粗糙，设计在其中的作用简化为调和当下使用者的功能需求与老宅承载力之间的矛盾。

"旧"即是旧，"新"便是新；与其说去营造新与旧的冲突，我们更希望经过改造的老宅呈现出的是属于这个时间片段里的融合。

一条颇具仪式感的楼梯作为公共区与房间的过渡；透过竹格栅，远处是村庄的烟火；屋顶漏下的光线在阳光板的映衬下，营造出些许神秘的氛围，指引人们拾级而上；推开房门，"自然"便涌了进来。

当窗外的风景变成最奢华的装饰，房间内部的设计便可以用相对质朴的方式来表达。我们试图让每间房都寻找到一个最佳的姿势去享受这片山林，于是产生各有不同的布局，也带来些不一样的体验。

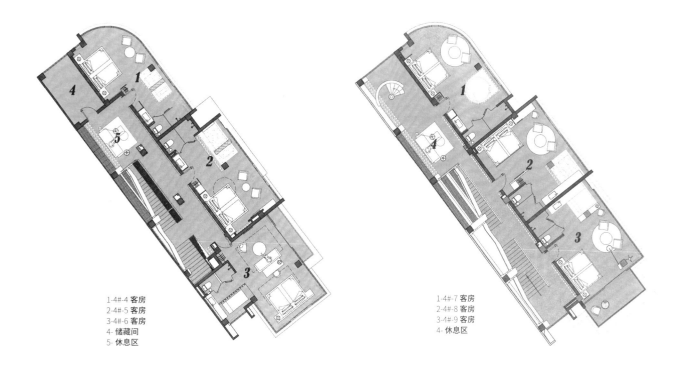

1-4#-4 客房
2-4#-5 客房
3-4#-6 客房
4- 储藏间
5- 休息区

1-4#-7 客房
2-4#-8 客房
3-4#-9 客房
4- 休息区

2-4 层平面图 1

耳房的餐厅

客房 1 © 王琇，黄健

客房 2 © 王琇，黄健

客房 3 © 王琇，黄健

泡池与竹海 © 王琇，黄健

客房 4 © 王琇，黄健

结语

于我们而言，这是一次颇为有意义的乡建探索，留下一些遗憾，也带来一些期许；回过头来看，成本的严苛限制、当地的工艺水平、设计与管理的一些失误都曾让项目举步维艰，好在大部分的设计想法得以实现，也预留出了一些继续生长的空间。

民宿的屋顶和竹林的深处，目前都处于"留白"的状态；随着项目的运营，设计也在以更谨慎的态度去完善。我们希望所有的场景最终能够串联成一条完整的路线，让乡野的情怀不止于"民宿"，让"民宿"的体验不止于居住……

客房 5 © 王琇，黄健

© 赵奕龙

06

隐居之所——将自然引入建筑中

武义梁家山居民宿 · 清啸山居

山下兰芽短浸溪，松间沙路净无泥，萧萧暮雨子规啼。

谁道人生无再少？门前流水尚能西！休将白发唱黄鸡。

——《浣溪沙 · 游蕲水清泉寺》【宋】苏轼

项目名称：武义梁家山 · 清啸山居 · 民宿
设计时间：2016.10—2017.09
建造时间：2017.09—2019.05
项目地点：金华武义柳城镇梁家山村
建筑面积：320m²
设计单位：圭林建筑设计事务所
结构形式：钢木结构
建筑材料：夯土、小青瓦、竹、老石板、水磨石、毛石
工程造价：250万元
设计团队：刘东英、时伟权、陈伊妮
主持建筑师：陈林
项目业主：宏福旅游集团有限公司
建筑摄影：赵奕龙

项目基地位于浙江省金华市武义县梁家山村，村中建筑依山而建，大部分建筑都是木结构夯土墙，一条小溪穿流过村落，溪边古树尚存。清啸山居坐落于村庄的古树旁小溪边，小溪对岸就是梯田和环山，背靠整个村落和大山，是理想中的隐居之所，场地原址有一栋三开间两层高的夯土房和一个小公厕，夯土房墙面已经大面积开裂，墙体倾斜外扩，综合考虑各方面因素决定将其拆除重建。

勾连场地关系

场地上的原建筑体块分布呈围合状，一栋三开间的夯土主房，旁边分布三个小辅房，还有一个公厕，都落在一个两米高左右的石坎台基上，与旁边的道路小溪呈阶梯状关系，边界呈锯齿状，场地原建筑主房入口在建筑的背面，由北面一条小弄堂进入。

站在场地对面的山坡上，能看到整个村子的全貌，项目场地位于河边最显眼的地方，在这个位置建一个民宿，应该要完全融入原村落的整体肌理和空间组织关系中。在建筑方案中延续建筑体块的内向型组织关系，保持原有组团的体块轴线关系，重新梳理建筑边界，延续和强化建筑在台基上的基地关系，重新组织村落肌理、组团空间、建筑形态、台基、巷道、小溪、梯田、环山之间的勾连关系。

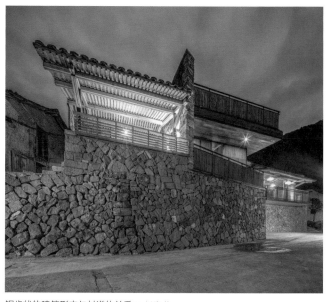

锯齿状的建筑形态与村道的关系 © 赵奕龙

东南角建筑外景 © 赵奕龙

轴测图 © 尌林建筑

民宿背靠整个村落和大山 © 赵奕龙

建筑西侧与巷道的锯齿状体量关系 © 赵奕龙

乡村在地性

在村落中行走，随着地形的高低变化，民居的体量大小变化，方向的偏转，屋顶的边界关系呈现出来一种错落有致、变化无穷的状态。这种状态希望在设计中呈现出来，以呼应当地建筑屋顶形态的变化关系，所以建筑的体量被打散分解重构，屋顶方向斜度变化，形成与原有村落民居和谐的屋檐关系和体量关系。

村子房屋基本都是依山而建，而且多为夯土房，怕潮湿和水，自然形成很多阶梯状台地，房屋都造在一个个石砌台地上。基地处原建筑也是建造在一个石砌台地之上，台基下方是一条沿溪村道，溪流与村道又有比较大的高差，所以场地处就形成了多层级、高差大的阶梯状台地关系。建筑的主入口设置从下面村道处进入，便出现了入口处的三次转折来消化地形

楼梯处廊道·屋顶·瓦墙的空间关系 © 赵奕龙

的高差关系，一段为石板铺设的坡道，上坡道后一条路顺势通往邻家，一条折回，几个石条踏步进入建筑入口处，进门后，转向又行几个踏步进入庭院，入口处有一种婉转上山的体验，也是台地高差所带来的路径变化，这种体验也延续了古村中的行走体验。

乡村营造存在特有的限制性因素，交通不便，资源匮乏，在建筑材料运用上，利用在地化的材料变成一种建造策略，村落中回收的小青瓦、原建筑夯土墙体材料、当地的毛石砌块、竹子、老石板、回收老木板，水磨石，都是一些在地化的材料，方便就地取材，回收利用，再生环保。

在建造工法上，遵循当地的一些传统建造工艺，建筑主体的墙体材料回收利用原夯土房上拆除下来的土料，拆除后堆放在建筑旁边空地，民宿建造时将其重新夯筑作为墙体，一方面节约材料的采购和运输成本，一方面夯土材料可回收再利用的特性被充分体现。延续乡村记忆和建造工法，是对乡村匠人智慧的尊重和传统建造技艺的传承，也是提倡一种再生循环和在地化的乡村营造理念。

建造的过程中，我们要求用当地的匠人参与建造，干一天活给一天钱，他们会用匠人精神把活干好，每天做多少算多少，做完工地的活就回家干农活了，不指望着赚多少钱，这样才能把活干好。看乡村匠人干活能感受到什么是真实建造，砌石头墙每块石头都要挑过，顺应其形态择其位置，下大上小，自下而上，真实的受力关系和建造逻辑，同时保留手工建造的痕迹和时间的印记，强调建造的真实性。

入口场景 © 赵奕龙

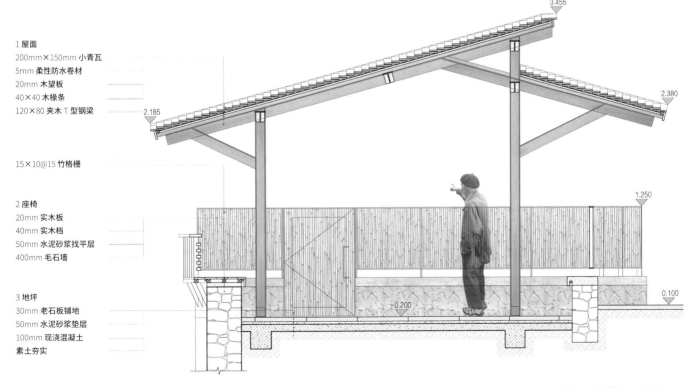

1 屋面
200mm×150mm 小青瓦
5mm 柔性防水卷材
20mm 木望板
40×40 木椽条
120×80 夹木 T 型钢梁

15×10@15 竹格栅

2 座椅
20mm 实木板
40mm 实木档
50mm 水泥砂浆找平层
400mm 毛石墙

3 地坪
30mm 老石板铺地
50mm 水泥砂浆垫层
100mm 现浇混凝土
素土夯实

公共亭子墙身详图 © 树林建筑

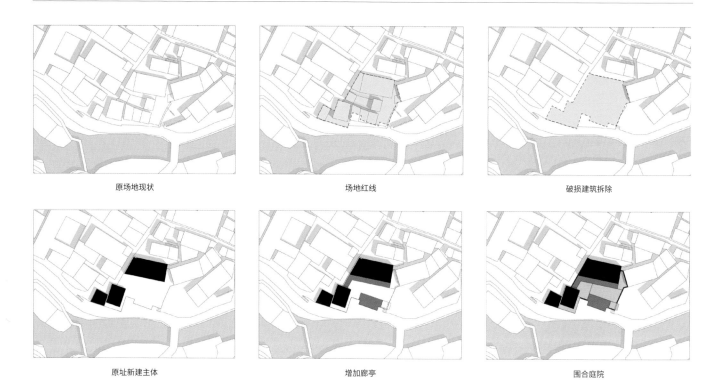

原场地现状   场地红线   破损建筑拆除

原址新建主体   增加廊亭   围合庭院

方案推演过程 © 尌林建筑

建筑结构用的是施工比较方便的钢木结构，其结构逻辑与村落中传统建筑的构成逻辑相似，结构与外围护墙体体系脱开，用连接点将结构与外墙体连接。

如何将自然引入建筑中

站在场地中，映入眼帘的便是溪对岸的梯田古树和环山，将自然景观引入建筑空间中变成一个重要元素。民宿所有的客房大开窗面都面对梯田和山景，最大限度地把山景映入室内空间。观山亭是专门为了看山而设置的喝茶休闲空间，穿插在内庭院和小溪之间，故意将屋檐口压得很低，站在内院视线是被屋檐高度控制往下看梯田和小溪，当你静坐在亭下便环山入目。

水吧作为民宿里面的公共空间，可以对外开放，是一个比较扁平的空间，外立面用竹格栅疏密布置，分上中下三段，水吧三个界面的视线明暗形成横向连续的画面关系，类似一张古画卷轴。古树在横向的卷轴中变成了画的一部分，卷轴连续地展现了村落巷道、连廊、水院、梯田、古树这些场景，希望用这种视角将人工和自然关联起来。水吧上面的屋顶平台集合了听水看溪、望山、观屋、赏树的所有视角，上楼梯步入平台，视线豁然开朗，建筑与村落环境的关系一下子被放开。

建筑东面入口夜景 © 赵奕龙

屋顶平面图 © 尌林建筑

观山亭连接内庭院与外部景观 © 赵奕龙

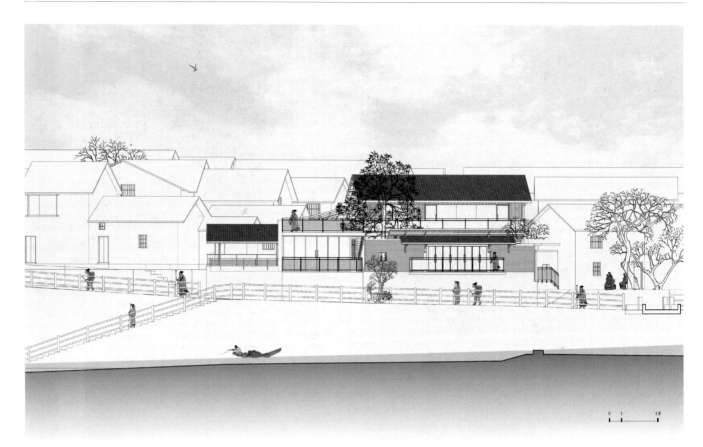

南立面图 © 尌林建筑

南北向剖面图 © 尌林建筑

村民坐在亭子里听溪观树 ⑥ 赵奕龙

观山亭与内庭院场景 ⑥ 赵奕龙

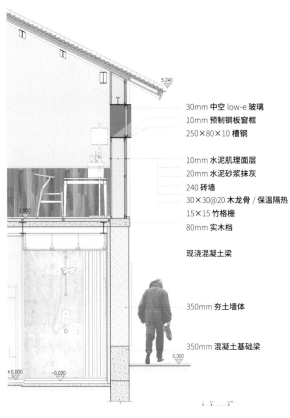

30mm 中空 low-e 玻璃
10mm 预制钢板窗框
250×80×10 槽钢

10mm 水泥肌理面层
20mm 水泥砂浆抹灰
240 砖墙
30×30@20 木龙骨 / 保温隔热
15×15 竹格栅
80mm 实木档

现浇混凝土梁

350mm 夯土墙体

350mm 混凝土基础梁

外墙墙身详图 © 尌林建筑

建筑北侧巷道与老房子屋顶呼应 © 尌林建筑

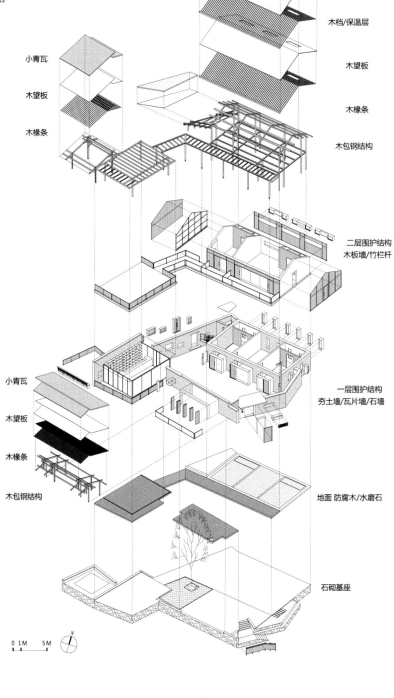

小青瓦

木望板

木档/保温层

木望板

木椽条

木包钢结构

二层围护结构
木板墙/竹栏杆

小青瓦
木望板
木椽条

一层围护结构
夯土墙/瓦片墙/石墙

小青瓦

木望板

木椽条

木包钢结构

地面 防腐木/水磨石

石砌基座

0 1M   5M

结构分解示意 © 尌林建筑

传统民居夯土转角保护研究 ◎尉林建筑

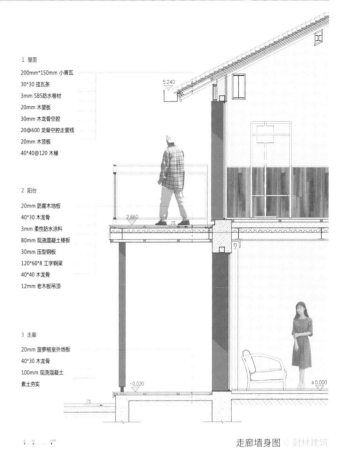

1 屋面
200mm*150mm 小青瓦
30*30 挂瓦条
3mm SBS防水卷材
20mm 木望板
30mm 木龙骨空腔
20@600 龙骨空腔走管线
20mm 木顶板
40*40@120 木椽

2 阳台
20mm 防腐木地板
40*30 木龙骨
3mm 柔性防水涂料
80mm 现浇混凝土楼板
30mm 压型钢板
120*60*8 工字钢梁
40*40 木龙骨
12mm 老木板吊顶

3 走廊
20mm 菠萝格室外地板
40*30 木龙骨
100mm 现浇混凝土
素土夯实

走廊墙身图 ◎尉林建筑

贯穿廊道·水庭院·观山亭·山景的空间场景 1◎赵奕龙

75

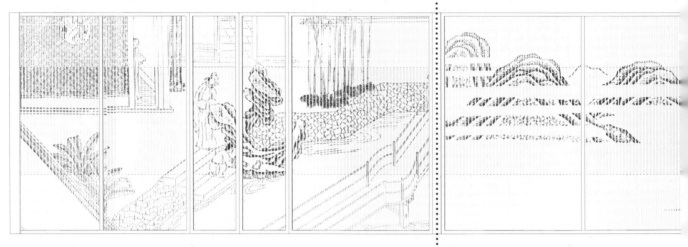

内庭院

横向连续的卷轴视线观景概念 © 射林建筑

贯穿庭院·观山亭·道路·小溪的空间场景 2 © 赵奕龙

二层客房室内场景 1 © 赵奕龙

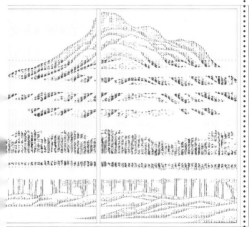

古树 · 寺庙 · 溪流

休闲水吧室内场景 1 © 赵奕龙

休闲水吧室内场景 2 © 赵奕龙

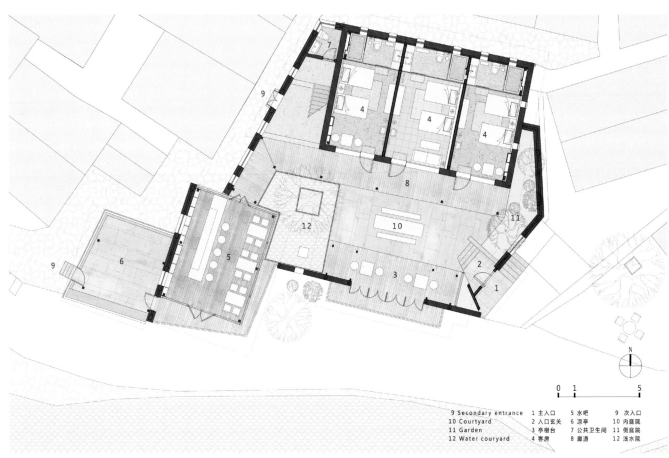

首层平面图 © 尌林建筑

9 Secondary entrance　1 主入口　　5 水吧　　9 次入口
10 Courtyard　　　　2 入口玄关　6 凉亭　　10 内庭院
11 Garden　　　　　 3 亭榭台　　7 公共卫生间　11 侧庭院
12 Water couryard　 4 客房　　　8 廊道　　12 浅水院

0　1　　　　5
N

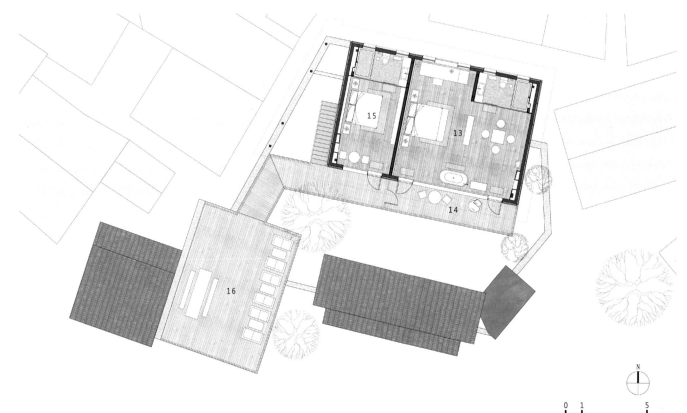

二层平面图 © 尌林建筑

13 套房　　15 客房
14 阳台　　16 平台

0　1　　　　5
N

村民在亭子里喝茶 © 赵奕龙

风穿过院子，微气候循环

夏天的一个中午，外面的温度很高，在其他的房子里也感觉特别热，我从村子里走入民宿，体感温度一下子就降了下来，廊子里，能感觉到对流的风从中穿过，即使站在有太阳的院子里也感觉不到热，室内就更加凉爽了。在建筑设计之初就考虑了其通风采光、保温隔热各方面的性能，建筑的体量上沿着地形关系呈阶梯状，在外围墙体上开了很多通风和视线穿透的小窗洞，空气顺着这样的空间形态产生自然风的流动，同时建筑材料也缓解热量吸收，再加上旁边小溪的水面和古树绿荫，更加强了建筑的微气候循环。

建筑将公共性还给村民

场地上原来有一个小的公厕，是属于村民集体使用的公共空间，在建造民宿的时候希望把这部分公共空间再还给村民。位置在巷道的端头，旁边是古树和小溪，我们把这个位置做成了一个半开放的亭子，对着村里的古树和小溪，村民们闲来无事的时候可以坐在这边闲聊。亭子还有另外一个功能，傍晚亭子的灯光亮起来，便像是一盏灯笼，为村民们照亮回家的路。

观山亭局部场景 © 赵奕龙

二层客房室内场景 2 © 赵奕龙

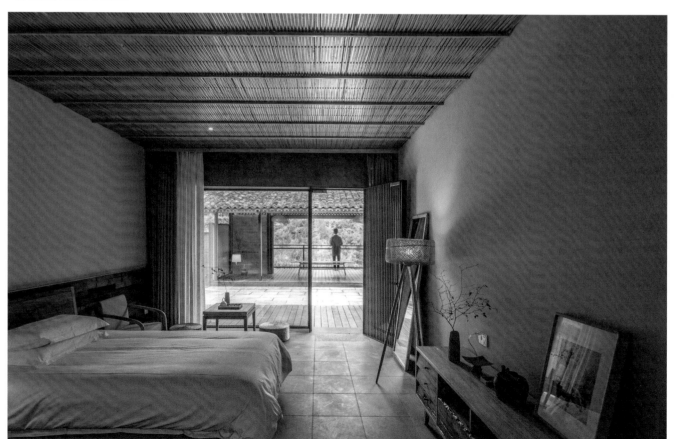

一层客房看向庭院场景 © 赵奕龙

二层客房的横向大观景面 © 赵奕龙

模糊边界产生的矛盾

建筑处于古村中，建筑周边场地归属权比较复杂，在设计之前也没法给到非常确定的边界，我们就按照原建筑拆除之前的建筑边界来划定范围，但是在建造的过程中不断遇到问题，给建筑落地带来很多的困扰，这是在设计之前没有想到的。首先是邻居不愿共用通道，套房独立楼梯超出边界取消，入口超界退进，而后是村里道路宽度保证通车便利要求建筑台基退让等各种领地归属边界退让的问题，当然也正是这些乡村营造所独有的特殊性，乡村项目变得有趣和生动，有更多的社会性存在。在这个过程中让我们学会了很多应对这类问题的策略和方法，为今后的项目实践积累了经验。

小溪　　道路　　茶亭　院子　廊子　客房　后巷

自然通风分析图 © 树林建筑

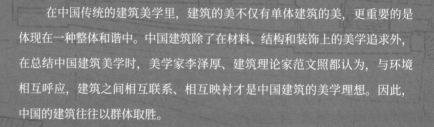

第二章

实践

和谐统一的建筑之美

在中国传统的建筑美学里，建筑的美不仅有单体建筑的美，更重要的是体现在一种整体和谐中。中国建筑除了在材料、结构和装饰上的美学追求外，在总结中国建筑美学时，美学家李泽厚、建筑理论家范文照都认为，与环境相互呼应，建筑之间相互联系、相互映衬才是中国建筑的美学理想。因此，中国的建筑往往以群体取胜。

中国传统建筑注重对称和均衡，以此来实现建筑的群体和单体之美。中轴线被广泛运用，因为中轴对称的建筑形式会产生均衡美感，使整体在构图上达到统一。在传统社会，以四合院为代表的筑房手法，曾规范着社会上各个不同阶层和阶级，其严格遵循的中轴对称、前堂后寝等儒家礼法已被模式化。北京四合院这种以木构架房屋为单体、在南北中轴线上建正房和正厅、正房前面左右对称建东西厢房以组成院落的住宅，作为中国传统住宅的最主要形式，不仅为汉族居民所使用，少数民族也非常喜爱，遍布中国的城镇乡村。在这种传统的建筑美学里，不仅有单体建筑的美，更重要的是体现一种整体的和谐，与环境相呼应，建筑之间相联系、相映衬。所以，中国建筑往往以整体取胜，而不是像西方建筑那样以单体取胜，而轴线引导和左右对称使整体的同一性成为可能。

正是这种与自然协调、与环境呼应、建筑之间和谐统一的美学思想，使中国传统建筑用简单的基本单位组成了复杂的群体结构，形成了严格对称中

仍有变化，在多样变化中又保持统一的风貌。

在《凤凰涅槃——传统聚落的重生：百美村宿·拉毫石屋》项目中，诗情：情在"曲"中，画意：意于"生"中。

凤凰古城，位于湖南省湘西土家族苗族自治州，是中国历史文化名城，曾被新西兰作家路易·艾黎称为中国最美丽的小城，享有"北平遥，南凤凰"之美誉。凤凰古城之外的苗乡，有鲜为人知的自然风光、美丽的苗族村寨、以及神秘厚重的民俗文化。整个村庄依山而建，村内石屋错落有致，青石板路蜿蜒伸展，加上周围树木森森，烟雨蒙蒙之际，袅袅炊烟之势，呈现出世外桃源般的宁静和闲适景象。拉毫石屋坐落在山坡之上，场地北高南低，高差约为30m，村落周边古树参天，群山怀抱。作为民宿项目的主要建筑。设计师一方面对村落进行了空间梳理，对公共区域、道路、停车场等基础设施进行重新整治，让民宿项目的结构清晰呈现；一方面选取了12栋房屋进行改造，这些房屋包含了公区和民宿等功能。值得一提的是，该民宿项目不设围墙，没有边界，与保留的房屋共存。村落如同自然生长一般，新与旧自然 融合在一起。

拉毫石屋的改造策略为保护原有生态景观，尊重原有场地，复原建筑肌理，最大程度减少对自然环境的破坏。首先在既有房屋的边界控制内，对主体房屋进行改造，仅拆除附属的厕所和鸡舍等。每一栋房屋形成一个院落，院落中原有的树木保留，保证私密性的同时形成最大化的景观视野。房屋之间以石头小径相连，来访者拾级而上，有着曲折迂回、步移景异的体验。

在《风雅颂——为古村落与现代世界提供多层面对话"平台"：坝盘布依2号院》项目中，诗情：情在"兴"中，画意：意在"颂"中。

"坝盘布依2号院"是一个公益性扶贫项目，旨在抢救性保护坝盘村极具传统与地方特色的濒危木构杆栏建筑。坝盘村位于贵州黔西南地区，是明代布依族古寨之一，现被列为国家一类贫困村。设计师希望以"旧瓶新酒"的处理方式，将现代设计理念与布依建筑风貌恰当融合，在被遗弃的旧宅与村内大量新建水泥楼房之间建立某种对话，为濒危的老宅注入新鲜活力。建成后作为布依族精神文化中心，为古村落与现代世界提供多层面对话"平台"。改造后，从远处望去，"坝盘布依2号院"仿佛是稻田间的一座小岛，自带精神中心的气场。在尽量保留民宅原本风貌的同时，为其封闭幽暗的内向型空间开启了三个大窗——书窗观人，茶窗赏绿，星窗迎接日月天光。这一设计将建筑内外打通，在居住空间与周边环境之间建立联系，让居住者能够更加亲近大自然。新加的开窗还起到了节能的作用，充分允许日光照进房屋，使房间更明亮，空气流通更顺畅，室内温度更舒适。

07

凤凰涅槃——传统聚落的重生

◎ 百美村宿 · 拉毫石屋

凤凰台上暮云遮，
梅花惊作黄昏雪。
人静也，一声吹落江楼月。

——《驻马听·吹》【元】白朴

项目名称：百美村宿·拉毫石屋
设计建成时间：2017.07—2020.05
项目地点：湖南省凤凰县廖家桥镇拉毫村
建筑面积：822m²
建筑设计：原榀建筑事务所 |UPA
主持建筑师：周超
设计团队：邓可超、岑梓鑫、张航、邓海娟、许艺馨
合作设计：先进建筑实验室／穆威、何闻、罗俊贤
摄影：直译建筑摄影／何炼

凤凰古城，位于湖南省湘西土家族苗族自治州，是中国历史文化名城，曾被新西兰作家路易·艾黎称为中国最美丽的小城，享有"北平遥，南凤凰"之美誉。凤凰古城之外的苗乡，有鲜为人知的自然风光、美丽的苗族村寨以及神秘厚重的民俗文化。整个村庄依山而建，村内石屋错落有致，青石板路蜿蜒伸展，加上周围树木森森，烟雨蒙蒙，袅袅炊烟，呈现出世外桃源般的宁静和闲适景象。

扶贫与公益

百美村宿是中国扶贫基金会自 2013 年发起的美丽乡村旅游扶贫创新公益项目，该项目旨在探索全新的"乡村旅游扶贫 +"模式，致力于搭建乡村和外部联结的平台，重估贫困村价值，创造以村为本的发展机会。目前在全国范围内，已经运营了 20 多个村落。凤凰拉毫村是百美村宿中的一站，由中国石化捐赠资金进行建设。应中国扶贫基金会的邀请，我们介入了该项目的村庄选址、整体规划、建筑改造、室内和景观的全过程设计，前后历时两年多。在这过程中，我们不仅感受到乡村建设的困难和挑战，也经历了自身的实践对乡村环境带来的改善，更深刻体会到建筑师的社会责任感。

聚落的重生

拉毫石屋坐落在山坡之上，场地北高南低，高差约为 30m。村落周边古树参天，群山怀抱。村落的聚落形态并不完整，有些房屋保存较为完整，有些房屋已经倒塌，还有几处村民见缝插针修建的砖混住宅，对村落肌理产生了极大的破坏。当我们进行踏勘选址的时候，拉毫村已经呈现"空心村"的状态，村里只有少量的老人和留守儿童在此居住。

通过详细的调研和分析，我们选择村落的北侧老房子较为完整的一片区域，作为民宿项目的主要建筑。我们一方面对村落进行了空间梳理，对公共区域、道路、停车场等基础设施进行重新整治，让民宿项目的结构清晰呈现；一方面选取了 12 栋房屋进行改造，这些房屋包含了公共区和民宿等功能。值得一提的是，该民宿项目不设围墙，没有边界，与保留的房屋共存。村落如同自然生长一般，新与旧自然融合在一起。

悬挑茶室 © 直译建筑、何炼

1 接待中心
2 公共客厅
3 公共餐厅
4 民宿
5 茶室
6 停车场
7 古树区
8 活动区

总平面图 © 直译建筑、何炼

方法与策略

拉毫石屋的改造策略为保护原有生态景观，尊重原有场地，复原建筑肌理，最大程度减少对自然环境的破坏。首先在既有房屋的边界控制内，对主体房屋进行改造，仅拆除附属的厕所和鸡舍等。每一栋房屋形成一个院落，院落中原有的树木保留，保证私密性的同时形成最大化的景观视野。房屋之间以石头小径相连，来访者拾级而上，有着曲折迂回、步移景异的体验。

根据民宿项目的本身诉求，每栋公共空间和客房的窗户位置都经过了仔细的推敲，让其具有独特的景观视野。这些窗景或为参天古树，或为苍翠远山，提供了不同高度的不同风景。目前已实施的民宿共六栋，集中于村落的东侧，其余房屋改造则远期实施。

建筑鸟瞰 © 直译建筑、何炼

改造前鸟瞰 © 原榀建筑

老院门 © 直译建筑、何炼

改造前现状 © 原榀建筑

材料和建造

拉毫村的石头墙体为湘西地区特有的做法，不采用任何砂浆砌筑，厚度达到55cm。我们仅对南侧的石墙进行改造，让石匠按照传统的干砌法进行重砌，而对其他方位的石墙则予以保留。南侧的石墙重砌后，扩大了采光窗，极大改善了原有的采光状况。

在石墙内部，采取了钢结构体系置入的手段，并将屋顶抬升80cm，让屋顶漂浮在石墙上方。同时，在石墙上部设置了侧天窗，让更多的光线和山林景观进入室内。石墙内部采用钢结构体系，

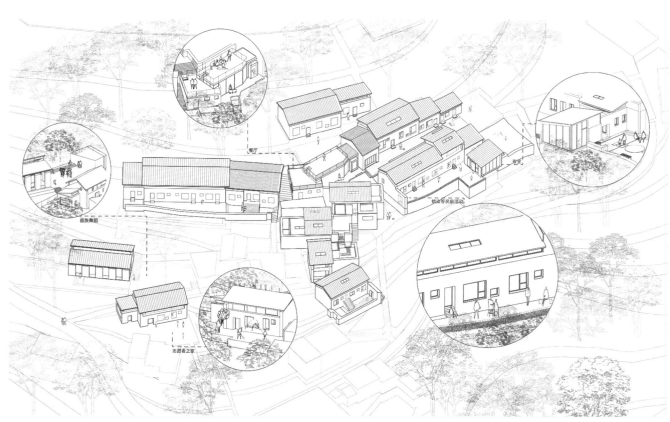

公共区域活动分析 © 直译建筑、何炼

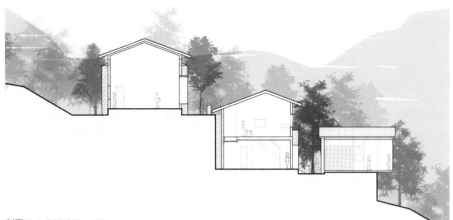

剖面二 © 直译建筑、何炼

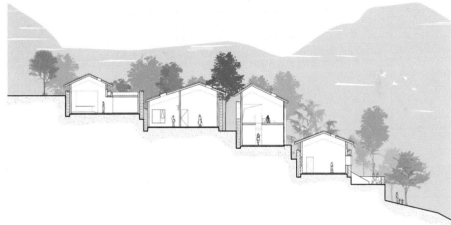

剖面一 © 直译建筑、何炼

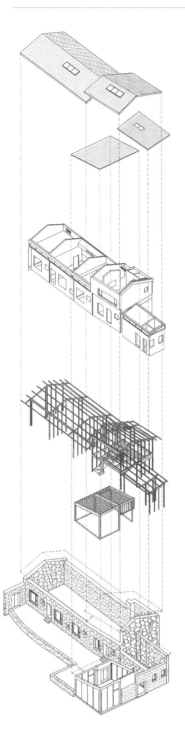

建筑分解轴测 © 直译建筑何炼

建筑外观二 © 直译建筑、何炼

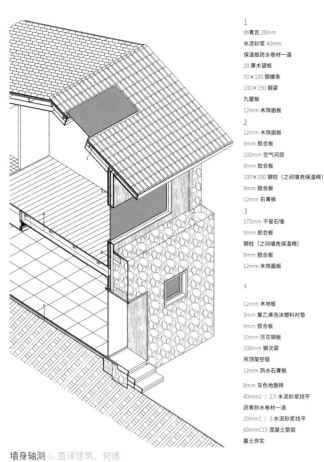

1
小青瓦 20mm
水泥砂浆 40mm
保温板防水卷材一道
20 厚木望板
50×100 钢檩条
100×150 钢梁
九厘板
12mm 木饰面板
2
12mm 木饰面板
9mm 胶合板
100mm 空气间层
9mm 胶合板
100×100 钢柱（之间填充保温棉）
9mm 胶合板
12mm 石膏板
3
570mm 干垒石墙
9mm 胶合板
钢柱（之间填充保温棉）
9mm 胶合板
12mm 木饰面板
4
12mm 木地板
3mm 聚乙烯泡沫塑料衬垫
9mm 胶合板
10mm 压型钢板
100mm 钢次梁
吊顶架空层
12mm 防水石膏板
8mm 灰色地面砖
40mm1 : 2.5 水泥砂浆找平
沥青防水卷材一道
20mm1 : 3 水泥砂浆找平
60mmC15 混凝土垫层
基土夯实

墙身轴测 © 直译建筑、何炼

休息平台 © 直译建筑、何炼

这是一种工业化的手段。一方面，可以应对场地运输的限制和乡村施工工艺的精度问题；另一方面，钢结构体系和石墙体系有机融合，满足了民宿项目的多样化功能需求。同时，使新和旧、轻和重有了强烈的对比，在村落中形成了戏剧化的效果。

建筑外观 © 直译建筑、何炼

外立面高低错落图 © 直译建筑、何炼

公共步道 © 直译建筑、何炼

除了主体建筑的改造范式之外，我们在局部区域采用了差异化的改造策略。如 2 号院南侧的房屋保留了原有的夯土砖墙，内部植入钢结构。4 号院的南侧扩建了一处茶室，用混凝土板挑出在山体之外，外立面采用全落地玻璃，眺望森林和山谷。

记忆与体验

在拉毫村的改造中，虽然有新与旧的并置关系，但整体上仍然呈现着乡村生活的记忆。除了建筑的石墙被保留，院落的石墙大门也被精心保留，石头挡墙上留出缝隙种植花草，利用旧房拆除的木料、搜集的老物件制作景观，这些老的物件被循环利用，将村民生活的关联性融入了乡土文脉。

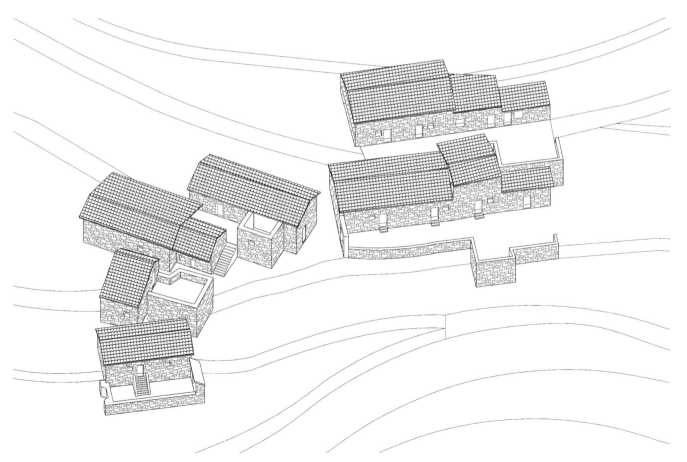

建造过程 © 直译建筑、何炼

公共步道二 © 直译建筑、何炼

客房室内 © 直译建筑、何炼

室内眺望窗景 © 直译建筑、何炼

　　拉毫石屋是拉毫村"乡村旅游扶贫+"的起点，未来还会有一系列公共空间、公共景观陆续呈现。我们希望拉毫村的改造策略，能起到良好的示范作用，不仅尊重了老的房屋和村民的生活方式，也能唤醒乡村的记忆情感，让乡村文脉得以延续。

客厅室内 © 直译建筑、何炼

1 普通客房
2 公共客厅
3 LOFT 客房
4 厨房
5 茶室
6 室外庭院
7 防腐木平台
8 小餐厅
9 套房
10 儿童房

一层平面图 © 直译建筑、何炼

08

归园田居——传达生活气息

◎ 来野

方宅十余亩，草屋八九间。
榆柳荫后檐，桃李罗堂前。
暖暖远人村，依依墟里烟。
狗吠深巷中，鸡鸣桑树颠。
户庭无尘杂，虚室有余闲。
久在樊笼里，复得返自然。

——《归园田居·其一》【魏晋】陶渊明

项目名称：来野
完工时间：2019
项目地点：湖州市德清县莫干山镇庾村中村 76 号
建筑面积：600m²
设计单位：杭州时上建筑空间设计事务所
设计团队：沈墨、张建勇
品牌设计：SPIRITLAKE
建筑摄影：叶松

厅内下沉的卡座与泳池的水平线平齐，空间的边界被消除 ©叶松

来野，是一种生活态度，

放下包袱，微笑面对世俗的目光；

来野，是一种生活方式，

放慢脚步，感受生活本来的样子；

来野，是一种生活品质，

放弃苟且，寻觅自己的诗和远方。

一起来野，生活才会更有趣儿！

建筑入户门与标志性 LOGO ©叶松

航拍图 ©叶松

通过体块的穿插让空间变成多种可能 ©叶松

民宿，作为近几年来流行的休闲体验，不仅带来视觉上的享受，同时也能真正地将游客引领至美丽的风景中。莫干山便是这样一片地方，这里山峦连绵起伏，是一个适合度假与避暑的优选之地。此时，来野民宿正安静地隐匿在莫干山的一处，向远道而来的人们慢慢传达出生活气息。

新的定义

抛开对传统民宿固有的观念，主人希望民宿能够满足游泳池、酒吧、艺术空间等需求。由于原本空间的局限性，设计师沈墨和张建勇分析规划后，决定将整体建筑拆除，重新构造了一个新的现代化建筑。

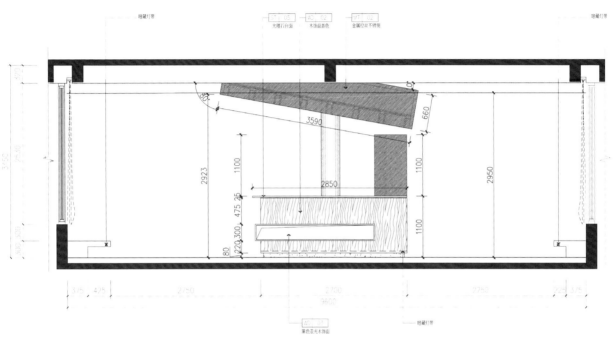

技术图1 杭州时上建筑空间设计事务所

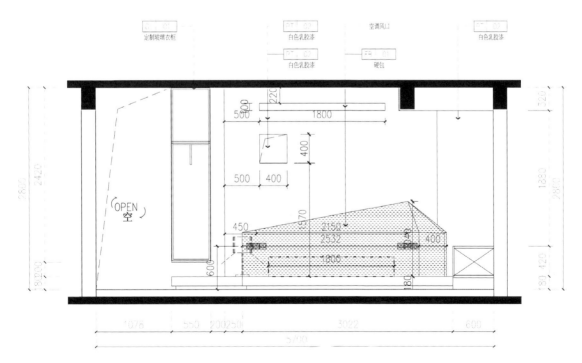

技术图2 杭州时上建筑空间设计事务所

空间通透、宽敞，四周大开窗的设计将景色引入室内 ©叶松

一层公共空间做了下沉处理 ©叶松

水中的一棵树

对"水中的一棵树"的概念进行了诠释与重组，让建筑像树一样自由生长，充满生命力，以此来回应莫干山美丽的风景。材质的选择与穿插构造的处理方式，建筑在环境中变得纯粹又孑然独立，消除了周边环境带来的影响。

建筑设计手法受国际建筑大师勒·柯布西耶（Le Corbusier）五大要素的启发：自由平面、自由立面、水平长窗、底层架空柱、屋顶花园。

解放建筑

不同于以往规矩的建筑设计，将立面释放，通过体块的穿插让空间变成多种可能，像是在森林中自由生长的树木。在建筑体块中开出一道道水平玻璃窗，能从各个角落望见窗外的风景，尽最大可能地与自然进行对话。

开阔的落地窗消除室内外空间的界限 ©叶松

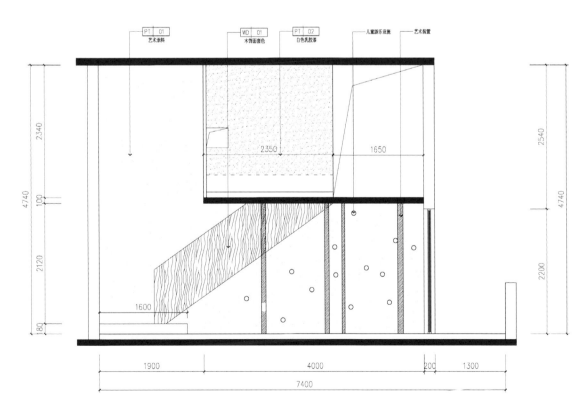

技术图 3 © 杭州时上建筑空间设计事务所

室外楼梯 ©叶松

屋顶花园

在建筑的每层屋顶局部，天然生长出植物，色彩跳脱框架，在纯白色外墙的映衬下显得充满生机与灵动，不时与倒映在墙上的树影呼应，呈现出一幅别开生面、动静结合的自然景象。

厅内下沉的卡座与泳池的水平线平齐，客人们可以在这里边品酒边与泳池里的人们聊天，此刻空间的边界被消除，时间被放慢，只剩当下这份令人心驰神往的愉悦。

整个庭院被水系包围，建筑就像是悬浮在水面中，从泳池到汀步走道以及围墙中不断流动的瀑布，互相流通循环，设计师希望建筑能在水中无限生长，赋予生命与自然的力量。

让建筑悬浮

步入室内，一层公共空间做了下沉处理，底层架空，通过柱子进行支撑让墙体解放，犹如一根根树干，空间瞬间变得通透、宽敞，四周大开窗的设计将景色引入室内，以景寓情，充满了自然斑斓的色彩。

将吧台放置在公共空间的中心，空间因此呈回形，动线被巧妙地规划，人们得以自由穿梭其中。顶部的造型玩味性地做成了斜切状，内里蜂窝状镂空格子不仅能够隐藏灯的痕迹，也为空间增添了丰富的自然形态。

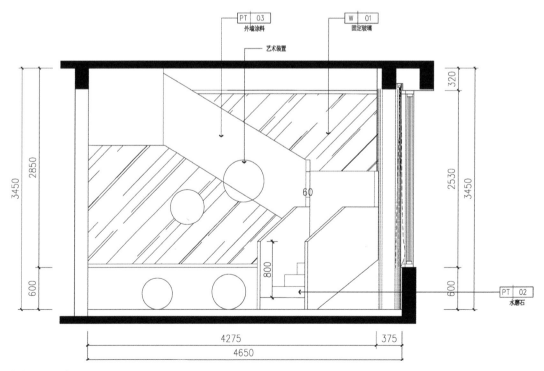

技术图4 ©杭州时上建筑空间设计事务所

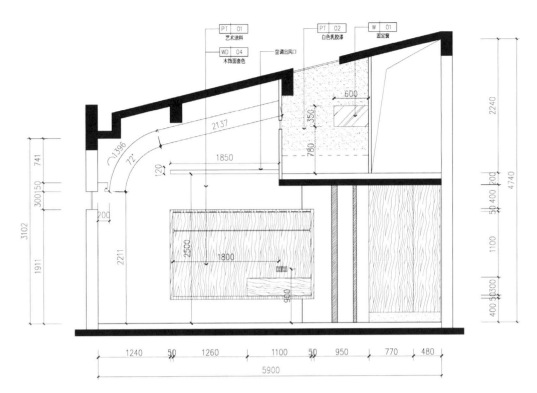

PT　01　艺术涂料
WD　04　木饰面套色
空调出风口
PT　02　白色乳胶漆
W　01　固定窗

技术图 5 © 杭州时上建筑空间设计事务所

明亮的就餐区 ©叶松

为模拟洞穴中岩石的肌理，开一扇几何形天窗 ©叶松

开放式浴缸让空间更显灵动 ©叶松

楼梯间的设计充满着亮点与惊喜，圆形的白色装置抽象化了果实下落的轨迹，有着未来主义画家马塞尔·杜尚（Marcel Duchamp）《下楼梯的裸女》中的构成感，空间的艺术性与现代性在此得到体现。同时在连通一层至顶层的空间中，将墙面留空并且做了挖空设计，以便作为一个小型的艺术展览空间，传达出民宿趣味生活与热爱艺术的理念。

天窗的开设能够将室外的蓝天与阳光随时引入室内，随着光线的移动呈现出明与暗的相互交织，时不时给人带来神秘感与惊喜感，充满了时间的轨迹。

房间的设计中都暗藏着自然的生命意象，山洞、鸟巢、展开的羽翼等等元素，仿佛此刻栖息在森林中，至此空间中又多了一份奇妙的体验。

整体采用暖白色的灯光与杏色做搭配，简洁而自然。

衣柜使用通透的茶色玻璃设计，为空间增添了色彩与朦胧感。

在落地玻璃窗边放置榻榻米座椅，可以品茶观景，十分惬意。

床边的鸟翼造型墙体将空间的功能区划分开来，延伸了空间感。

设计师将亲子房设计成了一片"白色森林"，当阳光照射进时，一道道光影展现出来，墙面上的攀爬墙以及地上的小帐篷为孩子增加了玩乐的体验，充满着童趣。

顶层房间中，墙面涂上艺术涂料，模拟洞穴中岩石的肌理，并且开了一扇几何形天窗，透出室外的蓝天白云，仿佛置身于野外，享受无尽的野趣。

室内楼梯圆形的白色装置抽象化了果实下落的轨迹 ©叶松

充满童趣的"白色森林" ◎叶松

墙面上的攀爬墙以及地上的小帐篷为孩子增加了玩乐的体验 ◎叶松

拨云见日——营造平和空间环境

09

◎ 溪岸民宿

花伴成龙竹，池分跃马溪。
田园人不见，疑向洞中栖。

——《檀溪寻故人》【唐】孟浩然

项目名称：SeeAnn 溪岸民宿
完成年份：2020.06
项目地址：浙江省莫干山风景区
建筑面积：600m²
设计单位：Z.H.D.I
主创设计：周恒
设计团队：李立
主要材料：木饰面、水泥、不锈钢
项目摄影：周恒

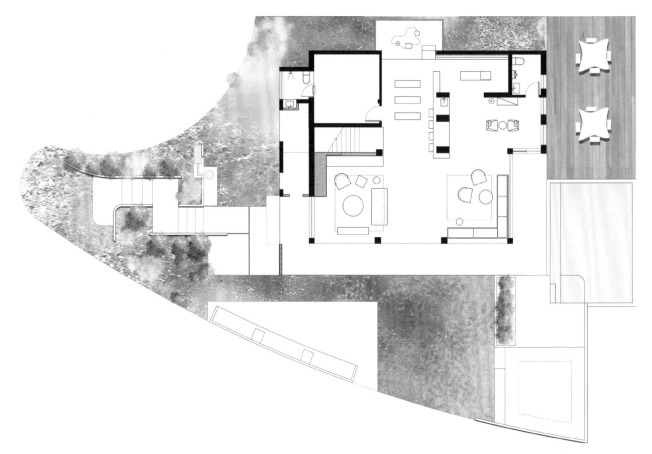

首层平面图 ©Z.H.D.I

大厅接待区 © 周恒

项目位于莫干山国际登山步道 41 号，接手时建筑立面已完成且无法改动，所以设计重点主要在景观环境与室内展开。

业主是一位刚从古巴回来酷爱人文摄影的女孩子，也在古巴和德国做过相应个展，这也为民宿定了主基调。在探讨中我们希望在主楼阁楼的空间和外围原车库空间设置两个艺术展厅，在这两个点之间的景观、大厅、房间公共空间也无规律地分布展示点，通过车库位引入，最后在阁楼位有一个更深度的体验，包括视觉与听觉的结合展示等可能性，这样将整个民宿各个空间通过展览方式紧密连接在一起。

景观营造以白色为主，为后期办展提供更多色彩可能性，又与周边的绿色相得益彰。入口通道转折设置，解决了原来不规则地面的问题，又为走动和拍摄带来了更多的趣味性。不同高度墙面的穿插，遮挡了不同角度视线以下杂乱的周边环境，低矮的水泥长条凳又借了对岸大芭蕉树的景，整体达到了梳理与周边环境关系的目的。

原大厅独立的柱子比较多，三开间又相对封闭，所以大厅的主要设计目标是尽可能打开空间，通过有实际意义的结构与材质来梳理地面、墙面、柱子、顶面的关系，达到统一性和形成合理动线的同时，为每个功能区在封闭与开放之间寻求一个最舒适的平衡点，局部区域的留白也为以后展示预留更多可能性。

楼梯细节 ©周恒

茶室房，软垫与木艺茶几的安静结合 ©周恒

景观入口，为地面带来了更多的趣味性 ©周恒

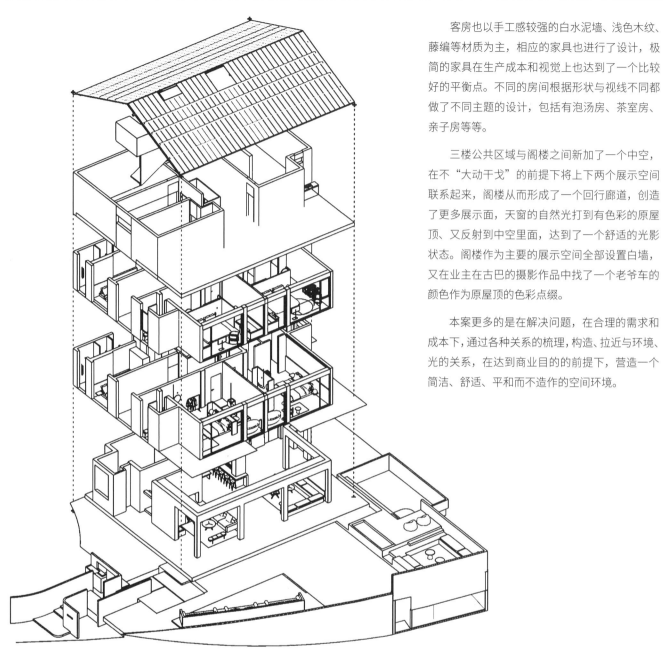

客房也以手工感较强的白水泥墙、浅色木纹、藤编等材质为主，相应的家具也进行了设计，极简的家具在生产成本和视觉上也达到了一个比较好的平衡点。不同的房间根据形状与视线不同都做了不同主题的设计，包括有泡汤房、茶室房、亲子房等等。

三楼公共区域与阁楼之间新加了一个中空，在不"大动干戈"的前提下将上下两个展示空间联系起来，阁楼从而形成了一个回行廊道，创造了更多展示面，天窗的自然光打到有色彩的原屋顶、又反射到中空里面，达到了一个舒适的光影状态。阁楼作为主要的展示空间全部设置白墙，又在业主在古巴的摄影作品中找了一个老爷车的颜色作为原屋顶的色彩点缀。

本案更多的是在解决问题，在合理的需求和成本下，通过各种关系的梳理，构造、拉近与环境、光的关系，在达到商业目的的前提下，营造一个简洁、舒适、平和而不造作的空间环境。

轴测图 ©Z.H.D.I

大厅休息区看向楼梯局部，茶几由几块木墩拼凑组合，可随意变换形态 © 周恒

大厅水吧 © 周恒

大厅，通过白色墙体、灰色地面、实木软装等元素达到和谐的统一性 © 周恒

大厅吧台，采用温暖的实木材质 © 周恒

二层平面图 ©Z.H.D.I

三层平面图 ©Z.H.D.I

可供儿童玩耍的公共区域，屋顶开设自由空间 © 周恒

大厅舞台结构细节 © 周恒

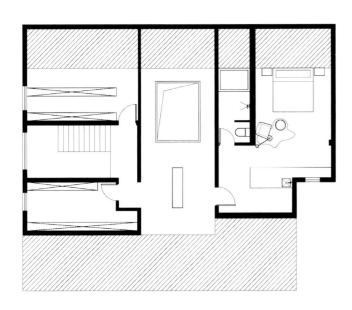

四层平面图 © Z.H.D.I

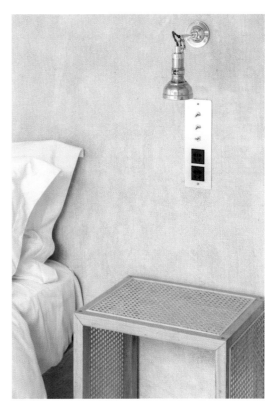

房间床头柜及床头灯细节 © 周恒

客房也以手工感较强的白水泥墙、浅色木纹、藤编等材质为主 © 周恒

10

内外融合——去符号化，跨越情感地域边界

屿漫

长忆西湖。尽日凭阑楼上望：
三三两两钓鱼舟，岛屿正清秋。
笛声依约芦花里，白鸟成行忽惊起。
别来闲整钓鱼竿，思入水云寒。

——《酒泉子·长忆西湖》

【宋】潘阆

项目名称：屿漫
项目设计 & 完成年份：2020.07—2020.12
项目位置：浙江省杭州市西湖区
建筑面积：460m²+747m²
主创及设计团队：董甜甜
设计方：杭州山地土壤室内设计有限公司
品牌：艺术涂料／微水泥／大理石
建筑摄影师：稳摄影

此项目场地位于浙江省杭州市西湖区。整体建筑为框架结构，室内面积约为 460m²，景观约为 747m²。

屿漫的商业核心是为不同产品提供情景拍摄的场地，这是一场关于生活的模拟体验。我们尝试将建筑去符号化，跨越情感的地域边界。

建筑外墙部分，随色相推移我们取暖色来营造整体氛围。

回廊根据自然情境将室内外空间联结在一起，随着天气以及白昼时刻的变化，整体建筑立面造型呈现出丰富的光影结构。阳光和水是相对互补的元素，在建筑的西侧，蓝色的蓄水泳池以水平拓展的方式缓缓展开，融入山石和绿植中。

室内动态空间的组合通过区域穿行而得到不同的感知。

我们在地面嵌入自然原石，与室外的自然景观相互贯通，古老的家具和早已风化的木材通过相对平静的墙地面得以完美展现。

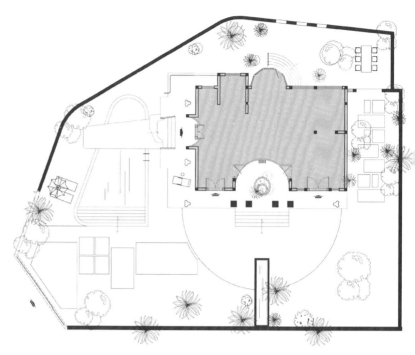

景观平面图 © 杭州山地土壤室内设计有限公司

正门——整体建筑为框架结构 © 稳 摄影

外立面图 © 杭州山地土墙室内设计有限公司

回廊——将室内外连接，随天气与时间形成光影效果 © 稳 摄影

外墙部分——暖色调 © 稳 摄影

外墙部分——暖色调与周边环境协调 © 稳 摄影

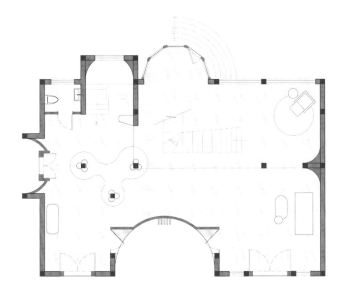

一层平面图 © 杭州山地土壤室内设计有限公司

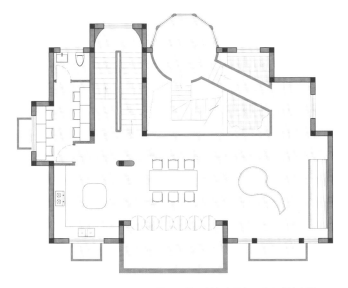

二层平面图 © 杭州山地土壤室内设计有限公司

室内动态空间的组合 © 稳 摄影

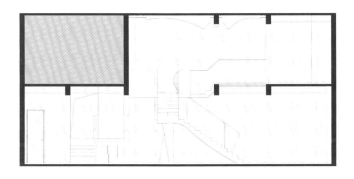

立面图 01 © 杭州山地土壤室内设计有限公司

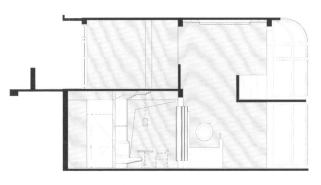

立面图 02 © 杭州山地土壤室内设计有限公司

室内——家具配饰和谐 © 稳摄影

摆件——陶瓷罐体给房间增添了自然感 © 稳 摄影

室内——复古花纹木门呈现原始色彩 © 稳 摄影

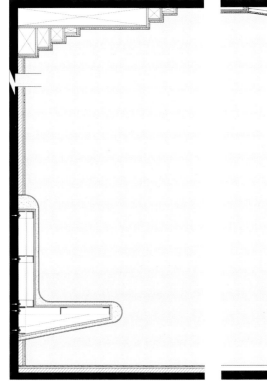
造型剖面 01 © 杭州山地土壤室内设计有限公司

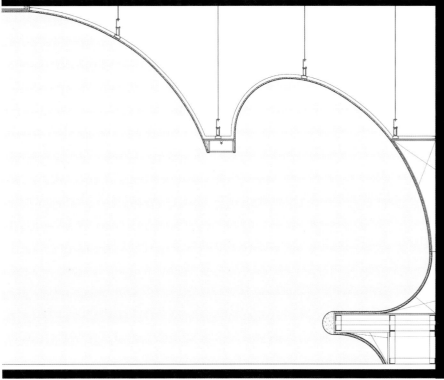
造型剖面 02 © 杭州山地土壤室内设计有限公司

室内——风化木材家具让空间有了岁月感 © 稳 摄影

室内——将自然石引入室内，形成室内外的自然对话 © 稳 摄影

室内——室外阳光透过缝隙折射到地面，形成光影的层次变化 © 稳 摄影

室内——室内动态空间的组合通过区域穿行而得到不同的感知 © 稳 摄影

全景图——自然原石与木材的拼接，与室外景观相互贯通　摄影

@ 陈溯

风雅颂——为古村落与现代世界提供多层面对话『平台』

坝盘布依 2 号院

13

12

11

10

9

4

5 6

3

1

7

树绕村庄，水满陂塘。倚东风、豪兴徜徉。小园几许，收尽春光。有桃花红，李花白，菜花黄。

远远围墙，隐隐茅堂。飏青旗、流水桥旁。偶然乘兴、步过东冈。正莺儿啼，燕儿舞，蝶儿忙。

——《行香子·树绕村庄》

【宋】秦观

项目名称：坝盘布依 2 号院
设计日期：2017.08—2018.01
建造日期：2017.10—2018.07
项目位置：贵州省安龙县万峰湖镇坝盘村
建筑面积：279m²
设计公司：北京优加建筑设计咨询有限公司
主持设计师：王敏
设计团队：[建筑] 丁梅、李午亭，[室内] 张雯雯
李辉 张戈
项目业主：贵州木棉花酒店管理有限责任公司
基地面积：511m²
结构类型：混凝土＋木结构
建筑摄影师：陈溯

"坝盘布依 2 号院"是一个公益性扶贫项目，旨在抢救性保护坝盘村极具传统与地方特色的濒危木构杆栏建筑。坝盘村位于贵州黔西南地区，是明代布依族古寨之一，现被列为国家一类贫困村。

此项目中这座老旧的宅子已有 40 年历史，因年久失修而破败。随着当地经济的发展，村里的年轻人在老房的周边纷纷盖起了钢筋水泥楼房，只有少数老人依然住在老宅里。

改造前

我们希望以"旧瓶新酒"的处理方式，将现代设计理念与布依建筑风貌恰当融合，在被遗弃的旧宅与村内大量新建水泥楼房之间建立某种对话，为濒危的老宅注入新鲜活力。建成后作为布依族精神文化中心，为古村落与现代世界提供多层面对话"平台"。

后院夜景——右下角亮灯处为由牛栏层改建而成的半室外儿童沙坑区，其两面被稻田环抱 @ 陈溯

院落鸟瞰图 @ 陈溯

院落夜景 @ 陈溯

改造后

从远处望去，"坝盘布依 2 号院"仿佛是稻田间的一座小岛，自带精神中心的气场。在尽量保留民宅原本风貌的同时，我们为其封闭幽暗的内向型空间开启了三个大窗——书窗观人，茶窗赏绿，星窗迎接日月天光。这一设计将建筑内外打通，在居住空间与周边环境之间建立联系，让居住者能够更加亲近大自然。新加的开窗还起到了节能的作用，充分允许日光照进房屋，使房间更明亮，空气流通更顺畅，室内温度更舒适。

考虑到村里的新楼房都是水泥建筑，设计上引入了混凝土，试图让新旧民宅在材质上取得关联。混凝土景观平台局部向上，形成低矮的底座，老屋木结构坐落其上。一招"偷梁换柱"，为室内空间赢得 800mm 额外净高。

混凝土景观平台局部向上，形成低矮的底座 @ 陈溯

新的混凝土基座成为可供人户外小坐的窗台 @ 陈溯

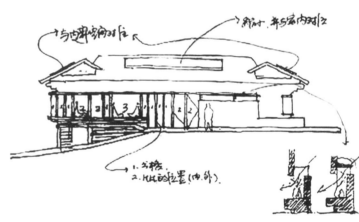

混凝土基座"窗台"伸入室内 @ 陈溯

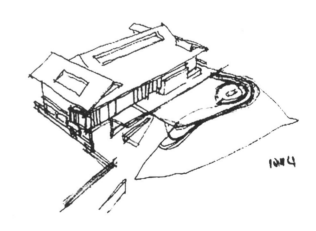

概念初期手稿 @ 北京优加建筑设计咨询有限公司

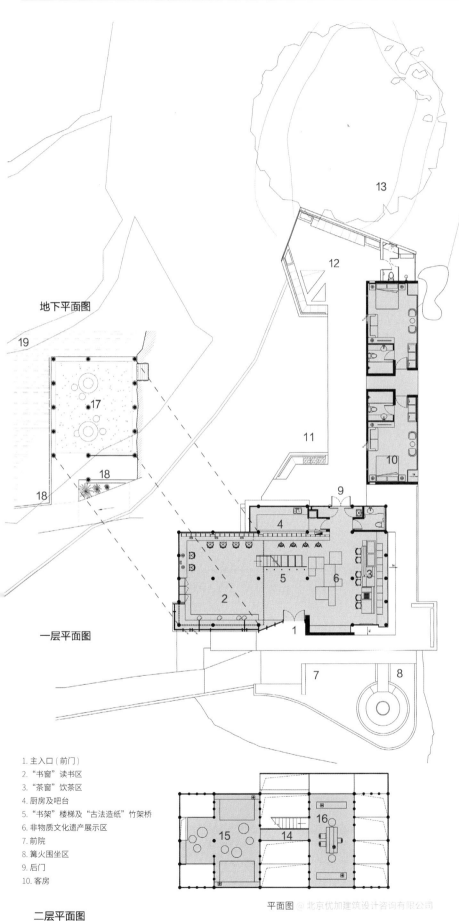

地下平面图

11. 后院
12. "八音坐唱"区
13. 大榕树
14. 桥与"星窗"区
15. 儿童阁楼阅读区
16. 禅坐阁楼区
17. 沙坑，儿童游乐场
18. 竹篱笆
19. 稻田

　　旧屋被改建过的窗或墙常被涂为红色，这一地方传统也在设计中得以继承，主入口、书窗、内院一侧的厨房窗口等处都有红色元素作为点缀。老木头、旧门板用来特制大型茶案；布依绣被巧妙融入品牌座椅设计；老屋内原有的古法造纸竹架也因其象征意义被保留下来，成为连接两个阁楼的小桥。

一层平面图

1. 主入口（前门）
2. "书窗"读书区
3. "茶窗"饮茶区
4. 厨房及吧台
5. "书架"楼梯及"古法造纸"竹架桥
6. 非物质文化遗产展示区
7. 前院
8. 篝火围坐区
9. 后门
10. 客房

二层平面图

平面图 ⓒ 北京优加建筑设计咨询有限公司

旧屋被改建过的窗或墙常被涂为红色，这一地方传统也在设计中得以继承ⓒ陈颢

在后院增设了两间客房，可以作为来访客人的小憩空间。绿色种植屋面，选用本土植物，具有保温、隔热的功能。

建成后，"坝盘布依2号院"有了一个更好听的名字——"布依风雅颂"，她不仅会成为坝盘村的精神中心——布依族文化遗产博物馆，更将是外界了解古村的窗口，坝盘人与世界对话的平台，见证内与外、新与旧、老与少的多层次交融。

这是一个规模很小的项目，但因其社会意义变得格外重大。

中国历史发展至今，出现在各地的民居不胜枚举，其多样性在世界建筑史上都较为少见。这些因地制宜、百花齐放的民居展现出不同地域的独特之处，共同构建了多元的华夏文化。然而，近年来，随着经济的飞速发展，越来越多快速搭建、千篇一律的钢筋水泥房取代了传统建筑，占据了曾经风景如画的乡间，破坏了人工与自然之间的和谐。

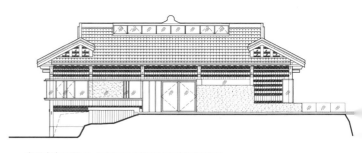

房屋南立面图 @ 北京优加建筑设计咨询有限公司

建筑师们珍视传统建筑之美，正力图冲破当代社会意识形态与物理环境的桎梏，为传统建筑寻找重获新生的途径。从事"坝盘布依2号院"这样的扶贫工作，任重而道远。但我们相信，再渺小的好点子都值得付诸实施，一旦得以传播，会带来巨大的正向改变。

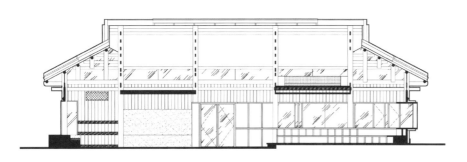

剖面A-A

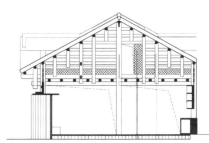

剖面B-B

房屋剖面图 @ 北京优加建筑设计咨询有限公司

院落主入口 @ 陈溯

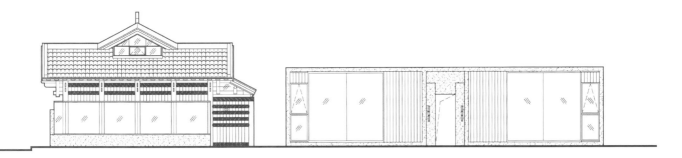

房屋东立面图 © 北京优加建筑设计咨询有限公司

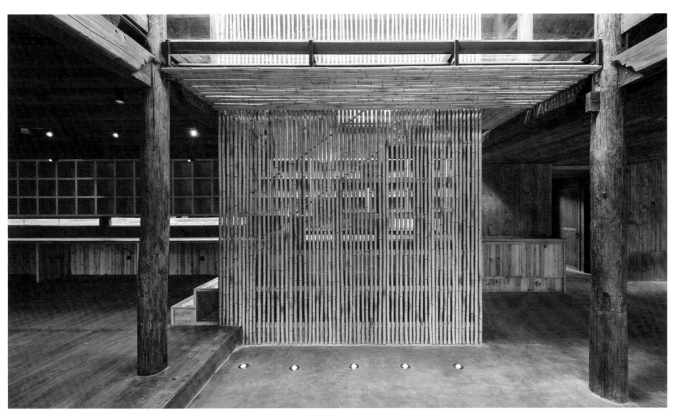

原有的古法造纸竹架也因其象征意义被保留下来，成为连接两阁楼的小桥 © 陈溯

室内——星窗 观景 © 陈溯

客房——阳光充足 © 陈溯

丛林行旅——回归对设计本源的思考

丛林中的新『动物之家』

牧童骑黄牛，歌声振林樾。
意欲捕鸣蝉，忽然闭口立。

——《所见》【清】袁枚

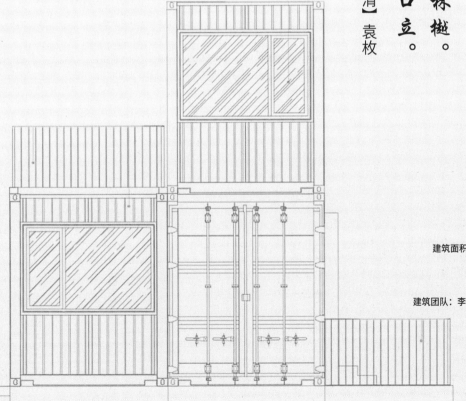

项目名称：野生动物世界丛林度假酒店
设计时间：2020.03—2020.06
建设时间：2020.09—2021.06
项目地点：中国·济南
建筑面积：地上总建筑面积 4048.29m²，103 个集装箱
用地面积：24016.65m²
设计单位：上海栖舍建筑设计事务所
主创建筑师：李兴、李华洁
建筑团队：李兴、李华洁、房国丹、李猛、岳耀林、赵玉皎
室内团队：汪运龙、南振鹏、甘小雨
项目类型：建筑
规划：上海栖舍建筑设计事务所
建筑：上海栖舍建筑设计事务所
室内：亚洲之翼（山东）空间设计有限公司
摄影师：瑞光建筑空间摄影 王晨光

2021 年，在济南野生动植物王国，行者驿站"动物之家"主题营地开始运行，这座探索与发掘天性的主题营地，仿佛散落在自然丛林中的小盒子。主题营地总占地约 4hm²，位于济南野生动物世界的西侧，坐落在风景如画的望云湖畔。

项目目前拥有两个主题集装箱营地，特色餐厅和开放式活动场地，成为了举办团体活动、星空露营、夏日篝火晚会的好去处。

在这片得天独厚的自然环境中，最初解决的问题在于如何最大限度地减小建筑对场地内自然生态环境的影响，更好地衔接周围的动、植物园区，激发人们对这里的兴趣和在这里体验的喜悦感。同时业主方也给设计师们提出了一个关于建筑材料的命题作文——打造集装箱式建筑，合理利用业主的 100 余个集装箱。

限定命题激发了设计师们的创作灵感，并对集装箱式建筑做了深入分析与研究。初期的方案尝试多集中在集装箱的拼接与构建上，使之形成趣味化的空间，但这又与其他项目没有太多差异化。于是，设计师们开始从更宏观的场地文化着手，野生动物王国的独特主题性；并探索集装箱的其他特色"密闭的方块空间""五颜六色""像儿童喜爱的积木玩具"。"丛林中的新动物之家"主题逐渐浮现出来。

打造集装箱式建筑 © 瑞光建筑空间摄影 王晨光

项目区位图 © 上海栖舍建筑设计事务所

自由空间布局组织 © 瑞光建筑空间摄影 王晨光

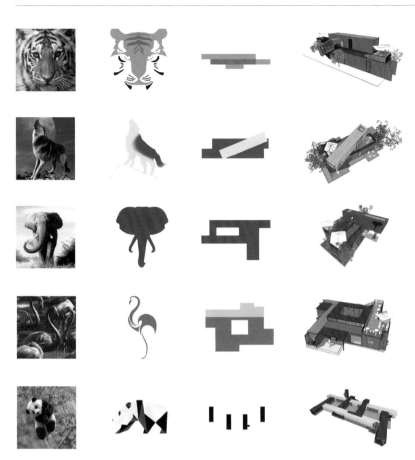

拓扑分析色彩 © 上海栖舍建筑设计事务所　　　　　　　　总平面图 © 上海栖舍建筑设计事务所

虎啸营地 © 瑞光建筑空间摄影 王晨光

飞鸟营地集装箱 © 瑞光建筑空间摄影 王晨光

飞鸟营地集装箱 © 瑞光建筑空间摄影 王晨光

虎啸营地入户门 © 瑞光建筑空间摄影 王晨光

虎啸营地集装箱错落分布 © 瑞光建筑空间摄影 王晨光

虎啸营地侧立面 © 瑞光建筑空间摄影 王晨光

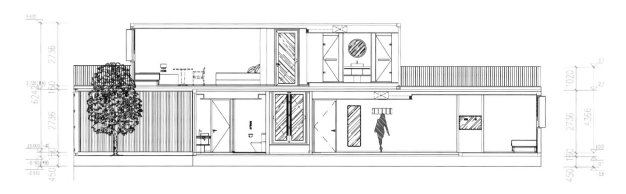

虎啸营地 1-1 剖面图 © 上海栖舍建筑设计事务所

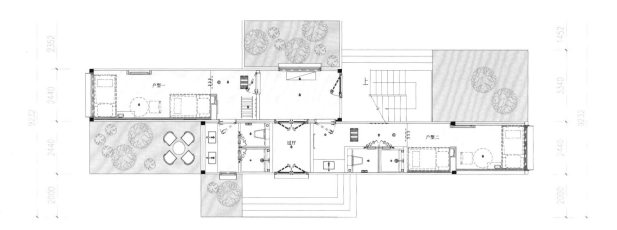

虎啸营地一层平面图 © 上海栖舍建筑设计事务所

虎啸营地二层平面图 © 上海栖舍建筑设计事务所

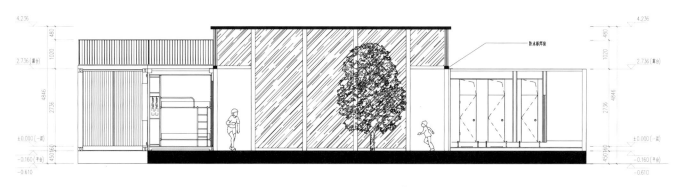

飞鸟营地 1-1 剖面图 © 上海栖舍建筑设计事务所

建筑远景俯拍图1 © 瑞光建筑空间摄影 王晨光

在一个湖边的营地里搭建一个个多彩主题的集装箱房间毋庸置疑是最具吸引力的活动,于是从万千"动物世界"中,提炼了色彩鲜明且具有特色的动物:"粉色——火烈鸟"、"黄色——老虎"、"灰色——大象"、"深蓝——雪狼"和"黑白——熊猫"。设计师们仿佛回到了童年,想要"充分发挥玩乐精神",也可以唤起参与者探险的兴奋感,引发奇异幻想,像搭积木一样,将集装箱组合成一个个独立且抽象的动物模块。

规划设计也决定摒弃传统规划思维,探索新的规划布局方式。将一个个独立的"动物"按照它们喜好的群居组合,自由的空间布局组织,形成了熊猫餐吧、飞鸟营地、吉象营地、虎啸营地、战狼营地等几个特色主题园区。将每个住宿单元根据自然景观的分布,有序地散落在场地之中。并通过园区道路将不同住宿单元分散开来,形成一个错落有序的分布。

建筑远景俯拍图2 © 瑞光建筑空间摄影 王晨光

飞鸟营地首层平面图 © 上海栖舍建筑设计事务所

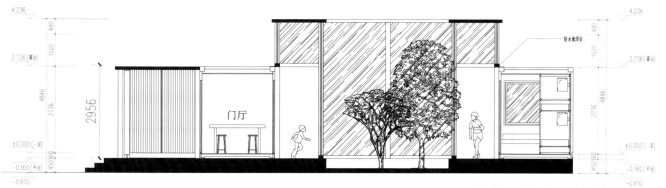

飞鸟营地 2-2 剖面图 © 上海栖舍建筑设计事务所

虎啸营地入户门处 © 瑞光建筑空间摄影 王晨光

在完成整体设计之后，设计师回归对设计本源的思考，发现这是一次在玩乐中完成的设计，也是一场绿色建筑与装配式建筑的全新尝试：

灵活性。组合方式的灵活性、施工的灵活性与使用的灵活性。

模块化。装配式很好地实现了碳中和与可持续发展的生态理念。

以人为本。拥有良好的日光条件，将不同类型的光线引入室内。

可靠的解决方案。用可回收材料、拆卸策略设计。

亲近自然、融入自然、保护自然。

多彩变化，简约外观。

便于玩耍嬉戏，增强场地与空间探索的喜悦感。

本着自然生态的设计理念，努力打造一场"小建筑"与"大自然"的精彩对话，尝试着新的"从自然中来，到生态中去"的体验感，给使用者带来独特的住宿体验。

虎啸营地二层露台 © 瑞光建筑空间摄影 王晨光

虎啸营地室外铁艺楼梯 © 瑞光建筑空间摄影 王晨光

飞鸟营地院内景观与涂鸦 © 瑞光建筑空间摄影 王晨光

标准间客房 © 瑞光建筑空间摄影 王晨光

客房空间为长条状 © 瑞光建筑空间摄影 王晨光

客房卫生间洗手池 © 瑞光建筑空间摄影 王晨光

餐厅 © 瑞光建筑空间摄影 王晨光

标准间客房 © 瑞光建筑空间摄影 王晨光

动线流畅的客房空间 © 瑞光建筑空间摄影 王晨光

上下铺是具有回忆空间的设计 © 瑞光建筑空间摄影 王晨光

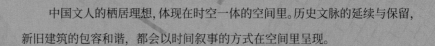

第三章

时空一体的空间之美

实践

中国文人的栖居理想，体现在时空一体的空间里。历史文脉的延续与保留，新旧建筑的包容和谐，都会以时间叙事的方式在空间里呈现。

中国传统的空间处理方式与中国艺术在审美观念上是一致的，中国绘画的"散点"透视方式也被用于空间的处理。这种不固定视点的观察方法运用在空间设计中，使得中国传统建筑的空间在一定程度上给人的感受是随性的、诗意的和浪漫的。在欣赏视角不断转换的过程中，空间的层次也在展开和延伸，产生了不断变化的节奏感。因此，在中国传统的空间设计中，空间的组织者不是要创造一个静态和固定的空间，而是让人在行进的时间流动中体会到空间变换的美感，把时间与空间统一起来。

当进入一幢房屋时，人们会在行进中得到不同的空间感受，从而领略到一种时间的过渡。建筑内部空间的变化强调的是时间的概念，而不仅仅是一个静态和固定的空间。时间的流动与空间的变换，使人可以获得良好的动观效果。中国传统的居住空间设计善于在复杂中寻求单纯、在不规则中找到规则，同时又在单纯中寻求丰富、统一中寻求变化，在简单和复杂中寻求平衡与和谐，在处理空间时重视空间各个部分的相关性和有机联系。在环境中，既要考虑到行人在某些关键景点中获得的静观效果，还要考虑到在行进中将各个景点串联起来，形成一个完整的空间序列。

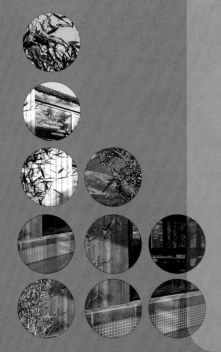

在《古今相生——与历史遗迹共存：北京小喜民宿十号院》项目中，诗情：情在"时"中，画意：意于"空"中。

小喜民宿十号院位于北京怀柔九渡河二道关，离黄花城水长城约6km。二道关长城始建于南宋，是北京长城段的一处重要关隘，气势雄伟。古老的长城从村庄穿过，村落中多处可见烽火台和城墙遗址，别具特色。当民宿建筑落成的一刻，我们看到餐厅的旧山墙、老木架和新木架交替出现，创造出了类似电影蒙太奇的效果，过去和现在、室内和室外产生了新的连接，再次融入了日常。

在《时空回廊——传承·融合·创新，一间百年老当铺的重生：临海余丰里精品酒店》项目中，诗情：情在"半"中，画意：意于"时空"中。

临海余丰里精品酒店位于浙江临海台州府城古镇的赤城路老街口，是一个建筑面积近 4000m² 的改造项目，从建筑、室内、软装到 VI 系统一体化设计。它的前身是一间百年老当铺，由一座具有 100 多年历史的四合院、两栋 60 年历史的砖混工业用房，以及两栋 30 多年历史的旧仓库组成。整个台州府城古镇仍然保留着大量历史古建筑，而作为项目所在地的紫阳老街还延续着传统的街坊生活方式，这里是临海千年古城的文化血脉，是古城遗址的缩影，就像是一个活的历史建筑馆。项目起初就提出了挑战：面对同时存在三种不同年代的建筑，跨越百年的历史，新改造的介入如何让旧与新、传统与未来的对话创造全新的居住空间体验，不仅是这一项目的核心思考，也是对新居住模式、城市更新的进一步探索。

© 直译建筑摄影

13

古今相生——与历史遗迹共存

北京小喜民宿十号院

不独满池塘，梦中佳句香。

春风有馀力，引上古城墙。

——《春草》【唐】曹松

项目名称：北京小喜民宿十号院
设计建成时间：2020.06—2021.10
项目地址：北京怀柔九渡河镇二道关
建筑面积：204m²
设计单位：原榀建筑事务所 | UPA
主持建筑师：周超
设计团队：邓可超、岑梓鑫、王慕元（实习）
业主单位：北京小喜商业管理有限公司
结构设计：谢建业
机电设计：王若辰、何琪
摄影：直译建筑摄影

小喜民宿十号院位于北京怀柔九渡河二道关，离黄花城水长城约 6km。二道关长城始建于南宋，是北京长城段的一处重要关隘，气势雄伟。古老的长城从村庄穿过，村落中多处可见烽火台和城墙遗址，别具特色。

小喜民宿是由多个院子组成的系列民宿，分散于二道关的村落之中，其中十号院与西侧的九号院（亦由原榀建筑设计）、南侧的八号院形成一个小的民宿聚落。十号院的基地呈长方形，原为 L 形布置的两栋民居，早已破败凋敝。老房子为北方民居常见的砖木结构，至今百年历史。十号院的基地面积并不大，业主希望将其改造为公共餐厅和两间客房，公共餐厅为小喜民宿的所有客人使用，可容纳 30 人就餐。如何应对场地的限制，如何处理公共和私密空间二者的关系，成为我们优先考量的问题。

在场地踏勘之初，我们被老房子厚重的抬梁式木构所吸引，也对老房子破败的山墙萌发了兴趣，它们都在静静地诉说着历史。让人惊喜的是，从院子中可以看到长城在远处的山峦上蜿蜒起伏，更有一段城墙出现在九号院的西侧。在这里，古老的城墙不仅是

入口庭院 © 直译建筑摄影

整体鸟瞰图 © 直译建筑摄影

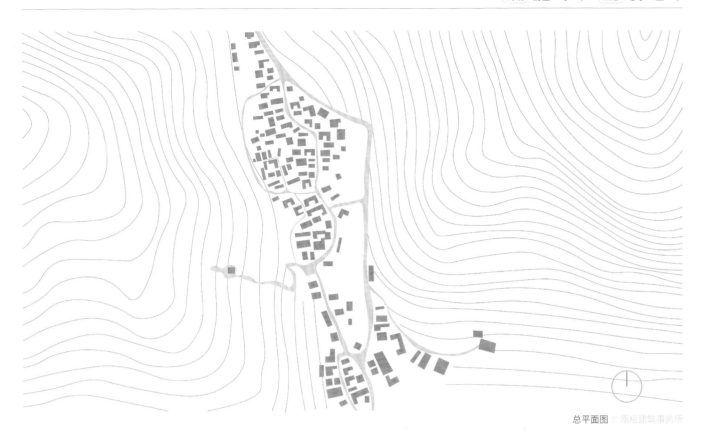

总平面图 © 原榀建筑事务所

一道远观的风景,更是触手可及的历史遗迹。如何与历史遗迹共存,成为了我们和业主团队反复探讨的议题。

十号院在原有的宅基地范围内改造,东侧改造为餐厅,北侧改造为民宿,并将两个方向的房屋连接成一个整体。餐厅的东北角抬高为两层,作为多功能室使用,并制造出一处远眺的空间。院落分为两处,东侧的院子尺度狭长,作为入口前院,以交通功能为主。西侧的院子布置了一个大型的水池,以休憩功能为主,水池中穿插布置了圆形树池、舞台和下沉休息区, 与九号院的窗洞和泡池呼应,水池外布置了步道、休息厅,形成了多样化的趣味空间,让每个人都能找到属于自己的安静角落。

餐厅整体采用了胶合木结构,这是原榀建筑一直提倡的"轻"的乡建方式,即采用轻型结构介入乡建。在餐厅的内部,保留了老房子的一榀木架,传统和现代两种不同的木构在此相遇,制造出一种强烈的对比。在餐厅的外部,修复了东南侧的山墙,让其以片段化的方式伫立于原位置,形成了一种特别的张力。餐厅的东侧和北侧外墙采用了石头砌体,延续了老房子的外墙材料,也衬托出了胶合木结构的轻盈。

民宿同样在保留老房子的木结构基础上改造而成,南侧则利用钢结构向外扩展,解决了进深不足的问题,扩展出的榻榻米空间正对着水池和远处的山峦,形成了取景器的效果。室内的木板条延伸至室外,与餐厅的外墙板形成了连续的界面。

西南角外景 © 直译建筑摄影

屋顶抬升实景图 © 直译建筑摄影

147

十号院的建造经历了相当长的磨合期，一方面是在地化的施工，由当地的村民施工队进行，一方面是胶合木的工厂预制和现场装配。两种力量相互牵扯，各种困难不断，直到最终平衡。当建筑落成的一刻，我们看到餐厅的旧山墙、老木架和新木架交替出现，创造出了类似电影蒙太奇的效果，过去和现在、室内和室外产生了新的连接，再次融入了日常。

入口立面实景图 © 直译建筑摄影

餐厅室内保留的老木架 © 直译建筑摄影

庭院景观 © 直译建筑摄影

柱脚细部 © 直译建筑摄影

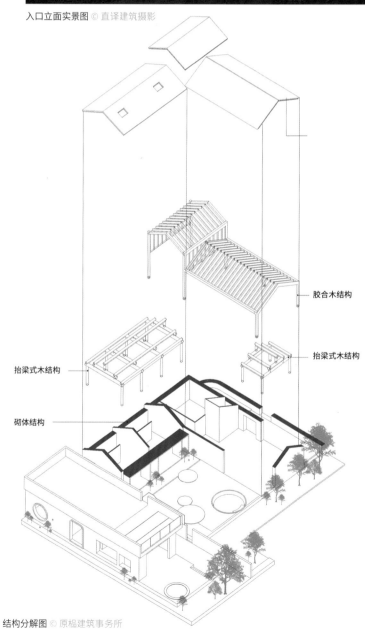

胶合木结构

抬梁式木结构

抬梁式木结构

砌体结构

结构分解图 © 原榀建筑事务所

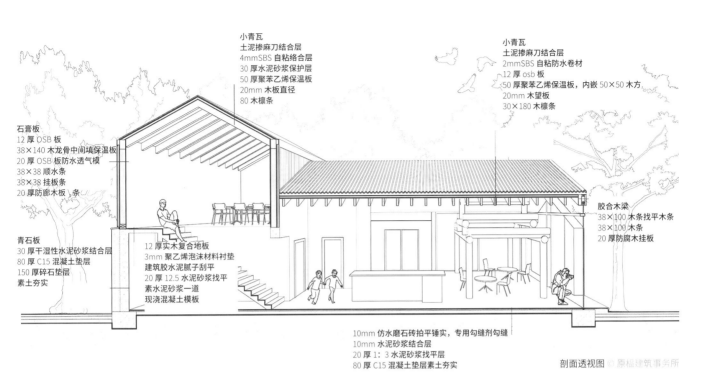

小青瓦
土泥掺麻刀结合层
4mmSBS 自粘络合层
30 厚水泥砂浆保护层
50 厚聚苯乙烯保温板
20mm 木板直径
80 木檩条

小青瓦
土泥掺麻刀结合层
2mmSBS 自粘防水卷材
12 厚 osb 板
50 厚聚苯乙烯保温板，内嵌 50×50 木方
20mm 木望板
30×180 木檩条

石膏板
12 厚 OSB 板
38×140 木龙骨中间填保温板
20 厚 OSB 板防水透气模
38×38 顺水条
38×38 挂板条
20 厚防廊木板，条

胶合木梁
38×100 木条找平木条
38×100 木条
20 厚防腐木挂板

青石板
30 厚干湿性水泥砂浆结合层
80 厚 C15 混凝土垫层
150 厚碎石垫层
素土夯实

12 厚实木复合地板
3mm 聚乙烯泡沫材料衬垫
建筑胶水泥腻子刮平
20 厚 12.5 水泥砂浆找平
素水泥砂浆一道
现浇混凝土模板

10mm 仿水磨石砖拍平锤实，专用勾缝剂勾缝
10mm 水泥砂浆结合层
20 厚 1：3 水泥砂浆找平层
80 厚 C15 混凝土垫层素土夯实

剖面透视图 © 原榀建筑事务所

室外泳池景观 © 直译建筑摄影

室内餐厅及通顶木艺置物架 © 直译建筑摄影

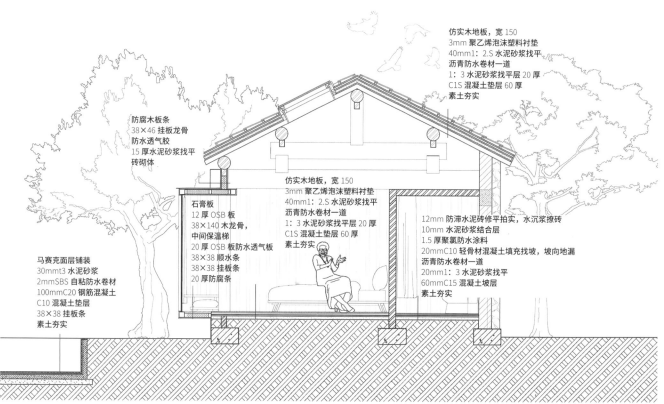

仿实木地板，宽 150
3mm 聚乙烯泡沫塑料衬垫
40mm1: 2.S 水泥砂浆找平
沥青防水卷材一道
1: 3 水泥砂浆找平层 20 厚
C1S 混凝土垫层 60 厚
素土夯实

防腐木板条
38×46 挂板龙骨
防水透气胶
15 厚水泥砂浆找平
砖砌体

石膏板
12 厚 OSB 板
38×140 木龙骨，
中间保温梯
20 OSB 板防水透气板
38×38 顺水条
38×38 挂板条
20 厚防腐条

仿实木地板，宽 150
3mm 聚乙烯泡沫塑料衬垫
40mm1: 2.S 水泥砂浆找平
沥青防水卷材一道
1: 3 水泥砂浆找平层 20 厚
C1S 混凝土垫层 60 厚
素土夯实

12mm 防滞水泥砖修平拍实，水沉浆撩砖
10mm 水泥砂浆结合层
1.5 厚聚氯防水涂料
20mmC10 轻骨材混凝土填充找坡，坡向地漏
沥青防水卷材一道
20mm1: 3 水泥砂浆找平
60mmC15 混凝土坡层
素土夯实

马赛克面层铺装
30mmt3 水泥砂浆
2mmSBS 自粘防水卷材
100mmC20 钢筋混凝土
C10 混凝土垫层
38×38 挂板条
素土夯实

建筑典型剖面图 © 原榀建筑事务所

室内多功能区 © 直译建筑摄影

室内客房 © 直译建筑摄影

1 餐厅
2 厨房
3 卫生间
4 储藏室
5 客房
6 泳池
7 景观亭
8 步道
9 下沉休息区
10 前院

一层平面图 © 原榀建筑事务所

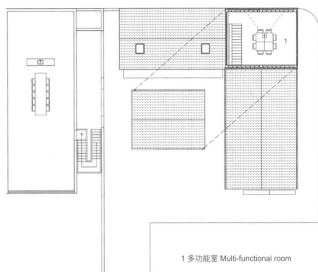

1 多功能室 Multi-functional room

二层平面图 © 原榀建筑事务所

室内就餐区远眺室外景色 © 直译建筑摄影

14

物我交融——理性到极致，就是感性

丛林魔方·浅境

春山多胜事，赏玩夜忘归。
掬水月在手，弄花香满衣。
兴来无远近，欲去惜芳菲。
南望鸣钟处，楼台深翠微。

——《春山夜月》【唐】于良史

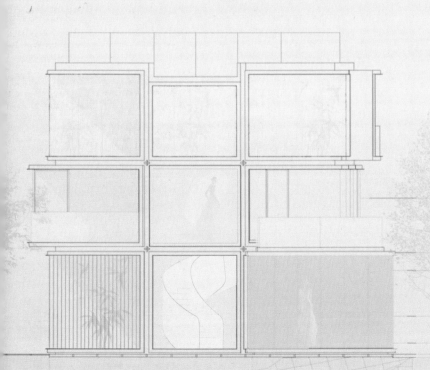

项目名称：丛林魔方·浅境
项目完成年份：2020
项目地点：浙江省德清县莫干山镇南路村横岭下村2号
建筑面积：400m²
建筑事务所：建筑设计事务所
主持建筑师：郭少珣
建筑＆室内设计团队：张志坤，梁鑫，姚熠琳，徐桦，叶
鑫凯，许文洁，曾秋芬，林仙桂
结构设计：王伟
景观设计：莫盛红
业主：浅境酒店管理
建筑摄影：唐徐国

起意

建筑的建造条件限制非常明确，建筑高度不可超过 12m，用地面积不能超过 140m²。140m² < 12m×12m，加之高度也是 12m，在设计的几何构成上直接联想到一个 12×12×12 等边正立方体。

项目基地位于莫干山度假区，作为长三角著名的风景区，翠竹青山，自然风光，延绵不息。为了尽最大可能去糅合山间纯粹的自然景致，设计中考虑的重点在于建筑如何巧妙地与环境融洽共处。与其滥用乡土情怀，我们更愿意将姿态放低，认真倾听自然与建筑自发的对话，尊重建构与材料的自然结合。建筑造型摒弃繁杂花哨，更不希望呈现多余的文化符号。当场所变成承载人与人、人与自然的情感载体时，不拘泥于任何既定的风格取向，专注于场地本身的思考才能尽可能引起人与建筑、与自然的共情。

那么，一个正立方体可以做成什么样的建筑？

也许一个如魔方般简单的房子是其中一个恰当的答案，理性克制，干净纯粹。

条件

魔方，又叫鲁比克方块，于 1974 年由匈牙利布达佩斯建筑学院鲁比克·艾尔诺教授发明。为了帮助学生们认识空间立方体的组成和结构，他从多瑙河中的沙砾汲取灵感，做出第一个魔方的雏形，零件是像卡榫一般互相咬合在一起，不容易因为外力而分开，而且可以以任何材质制作。

对于孩童来说，魔方是陪伴度过闲暇时光的最好玩伴；对于魔方运动员来说，魔方是一种精确到 0.01 秒的竞技信仰；对于建筑来说，魔方或许是一种被创造，重构，再打乱，再复原，再解构的空间意识形态。魔方之"魔"不同于魔术师的手速变换与视觉欺骗，魔方之"魔"更是数学、建造、空间、公式的奇异化学变化，是感性与理性的浑然天成，是克制与放纵的模糊暧昧。

俯瞰实景图 © 唐徐国

总平面图 ⓒ 素建筑设计事务所

理性与暧昧

建筑外立面的设计中根据不同房间的观景及空间的私密性要求，大面积运用了三种玻璃材料：透明玻璃、U 型玻璃及玻璃砖作为"魔方"的九宫格，结构上通过加固钢结构来形成"魔方"九宫格的黑色骨架支撑，将整个建筑外立面割裂，形成强烈的戏剧冲突，同时也将理性与暧昧发挥到极致。

玻璃作为一种两面性和象征性的材料，其透明与反射的双重属性，令人着迷。玻璃反射将"丘峦绵绵，轻波淡染"最大化地引入室内，如一场固化的流体奇观，让人仿佛置身一个漂浮于竹海中的气泡中，目光所及，处处皆情。这是设计中的"暧昧"。

结构设计中巧妙地将角柱消减，柱网呈井字形布局，通过纵横双向悬挑，把角部空间承托起来。更由于房屋四角柱子的消失，将建筑形态与力学逻辑统一，不仅满足了各个功能空间的荷载需要，同时也最大程度地发挥了材料的使用效率。这是设计中的"理性"。

自然与建筑 ⓒ 唐徐国

155

从外部望向室内空间 © 唐徐国

建筑共有四个面，每一面都有 9 个超规落地窗扇并列垂直放置，面向不同山景，负责窥探重叠山影的四时变化。每一个窗格就犹如时装店门前的"精致橱窗"，恰巧契合了房屋主人礼服设计师的身份。

时光的流逝伴随日光的协奏，既熟稔又疏离，有一种天然的秩序，为了维持这一秩序，设计师在室内软装上，以灰色大理石铺面及木色为主，平衡光影秩序的同时，又营造纯粹、舒适、诗意的居住环境。

东方的传统建筑空间形制中，庭院与水的关系是户外空间设计的重点，如何利用水这一元素来给房子增加生气与灵性也是本

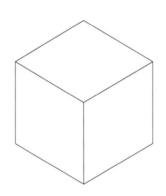
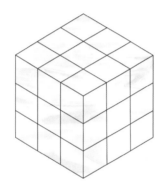

概念分析 © 素建筑设计事务所

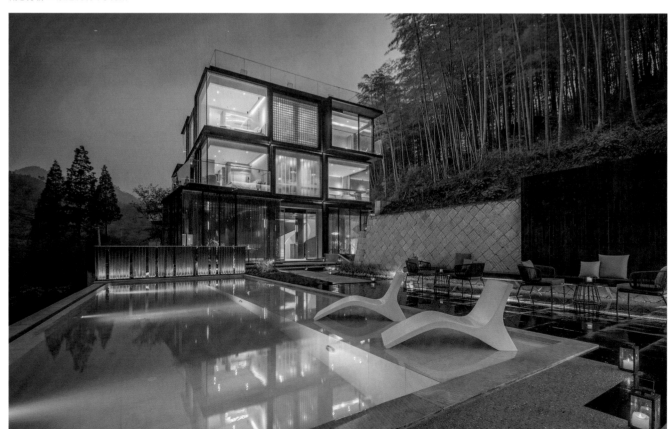

建筑泳池实景图 © 唐徐国

三层建筑入口 ©唐徐国

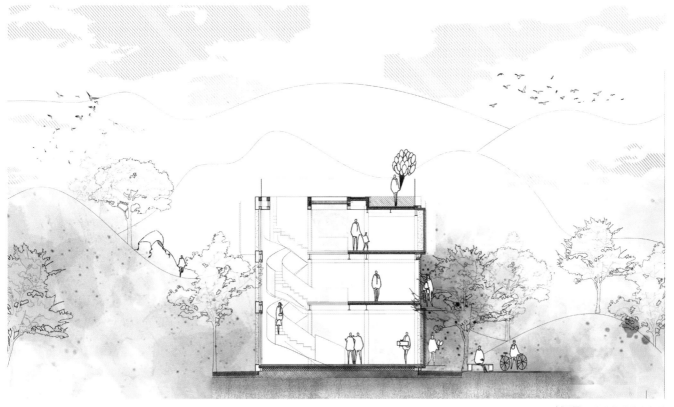

剖面图 ©上海大地建筑设计事务所

次设计的重心。在屋顶设计中，用浸没于水中的玻璃天窗替代封闭的楼板，微风拂过，光线透过玻璃，吹皱了一袭诗意，层层叠叠向螺旋通高的白色中庭晕染开来，一切仿佛是静止的，又仿佛一切是流动的。

功能

进入建筑的路被刻意营造出叙事性的入住体验，层层石阶、拾级而上，良田美池桑竹之属，所有的情感在辗转之间，曲折有法，抑扬顿挫，最终进入空间后豁然开朗。

建筑一层作为整个建筑最重要的公共区域，承载入住接待、用餐、交流以及后勤的部分，二层三层为主要客房区域，6 个客房涵盖不同房型。考虑到观景和私密的双重要求，每个客房扮演着"主角"与"配角"的双重角色，作为独立的单元空间，拥有一套完整的室内系统，同时拥有独一无二的景观感受。纯白的螺旋通高楼梯作为整个魔方系统的"中心轴"将所有这些房间聚集起来，串联起整个空间的功能流线，彼此互为"配角"，互相成就。

室内客房卫生间 © 唐徐国

室内客房洗浴间一角 © 唐徐国

模型图 © 素建筑设计事务所

期许

在《知觉现象学》中，梅洛－庞蒂指出："知觉是模棱两可，即暧昧的、荒谬的体验和绝对明证的体验相互蕴含，是难以分辨的。"

"魔方"的魅力或许就在于此，从 12×12×12 的模块式理性构造，到方寸之间，层层递进的空间暧昧。流淌的时间里，建筑与自然，建筑与人逐渐融合产生共情。

山中天气，时而朦胧浊茫如雾，时而通透清澈如水。

灼灼山影间，亭亭如盖也。

室内客房开放浴缸 © 唐徐国

从室内客房观竹 © 唐徐国

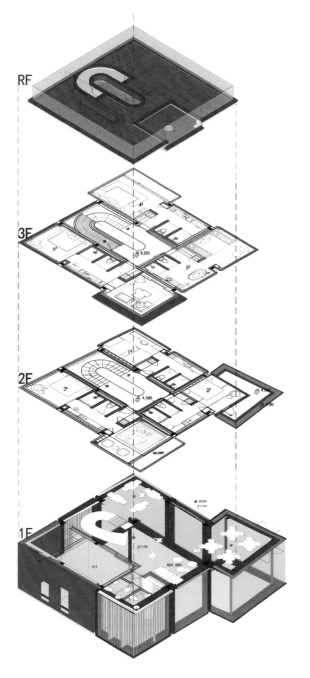

平面分析图 © 素建筑设计事务所

南立面图 © 素建筑设计事务所

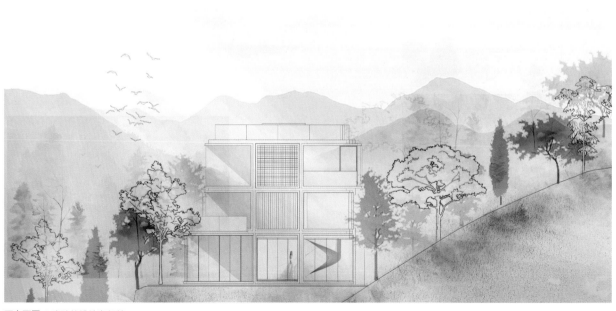

西立面图 © 素建筑设计事务所

首层空间休息区 ◎ 唐徐国

首层空间楼梯处 ◎ 唐徐国

15

时空回廊
——传承 · 融合 · 创新，一间百年老当铺的重生

临海余丰里精品酒店

酒饮半酣正好，花开半时偏妍。
帆张半扇免翻颠，马放半缰稳便。
半少却饶滋味，半多反厌纠缠。
百年苦乐半相参，会占便宜只半。

——《半半歌》【清】李密庵

项目名称：临海余丰里精品酒店
项目时间：2017—2019（设计＋施工）2019（完工）
项目地点：浙江台州临海
建筑面积：3298 m²
设计公司：零壹城市建筑事务所（建筑设计、室内
设计、软装设计、VI 设计）
设计团队：阮昊、詹远、何昱楼、张秋艳、嵇涵、
杨莉、赵一凡、范笑笑、王浩然
合作景观设计：章万清，林海
摄影师：吴清山、王宁

青瓦砖墙的内庭院 © 王宁

室外内庭院 © 吴清山

    临海余丰里精品酒店位于浙江临海台州府城古镇的赤城路老街口，是一个建筑面积近4000m²的改造项目，由零壹城市建筑事务所从建筑、室内、软装到VI系统一体化设计。它的前身是一间百年老当铺，由一座具有100多年历史的四合院、两栋60年历史的砖混工业用房，以及两栋30多年历史的旧仓库组成。

    整个台州府城古镇仍然保留着大量历史古建筑，而作为项目所在地的紫阳老街还延续着传统的街坊生活方式，这里是临海千年古城的文化血脉，是古城遗址的缩影，就像是一个活的历史建筑馆。项目起初就提出了挑战：面对同时存在3种不同年代的建筑，跨越百年的历史，新改造的介入如何让旧与新、传统与未来的对话创造全新的居住空间体验？不仅是这一项目的核心思考，也是零壹城市对新居住模式、城市更新的进一步探索。

主入口界面 © 吴清山

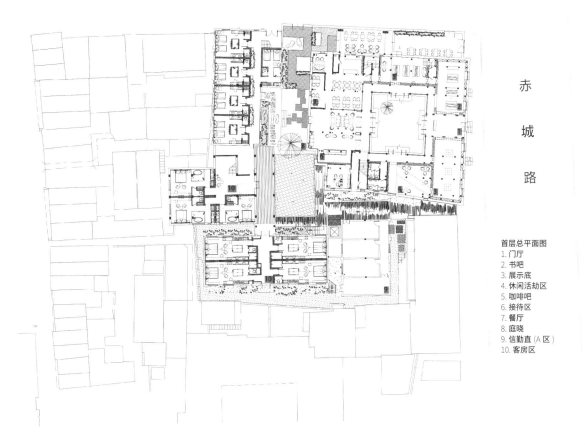

赤
城
路

首层总平面图
1. 门厅
2. 书吧
3. 展示底
4. 休闲活劫区
5. 咖啡吧
6. 接待区
7. 餐厅
8. 庭晓
9. 信勤直 (A 区)
10. 客房区

首层平面图

红色作锈的楼梯，点缀空间，沉稳中更显活泼 © 吴清山

165

公共咖啡吧 © 吴清山

室外内庭院，水中倒映年代的缩影 © 吴清山

时空回廊：并置不同年代建筑历史传承的"时空回廊"

　　设计以"时空回廊"作为改造理念的主线，串联起场地现有清末民初、解放后和改革开放三个不同历史时代的建筑。这些老建筑虽已有些残败，但仍保留着在它们的年代，对于建筑美感和空间功能的理解，砖木间诉说着不同的历史故事。设计试图还原并且强化在这同一天地中历史时空的碰撞，让每一个不同年龄段、不同背景的人来到这里，都能找到触动内心的属于一个时代的理解。

　　面对不同年代的老建筑，保留其现有的外观并采用为其"量身打造"的改造策略。对于100年历史的四合院，修旧如旧，尽可能还原属于历史院落的生气，在细节上保留曾经的"当铺记忆"，再为其注入新的生命力；对于60年历史的两幢工业遗存建筑，保留一部分历史和工业痕迹，在整体建筑修缮的同时，通过局部加入当代空间感受和空间使用方式，产生一种戏剧化的空间对话。

　　对于30年历史的仓库建筑，在保留建筑原有框架的基础上，进行较大幅度改造，从外观便以锈金属板特立呈现，让建筑透出更多现代的气息。三种不同年代的交织，在酒店内庭院环绕，展现出三种不同历史声音的"时空回廊"。

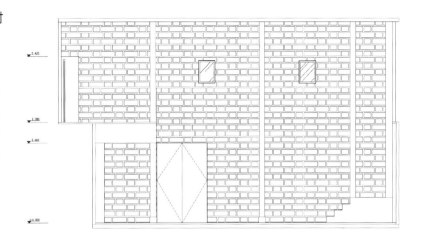

咖啡吧立面图1

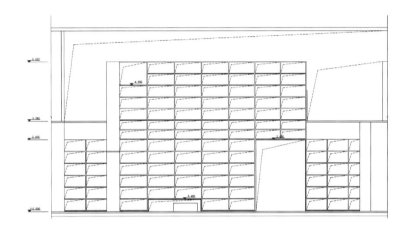

咖啡吧立面图2

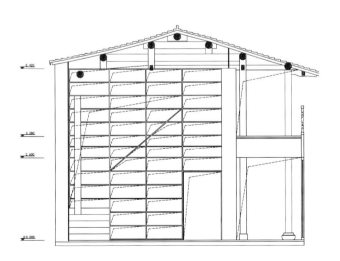

咖啡吧立面图3

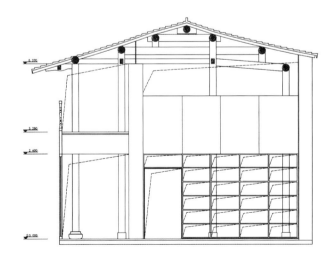

咖啡吧立面图4

四合院图书馆 © 吴清山

楼梯空间 © 吴清山

四合院咖啡吧和餐厅 © 吴清山

四合院楼梯空间 ◎ 吴清山

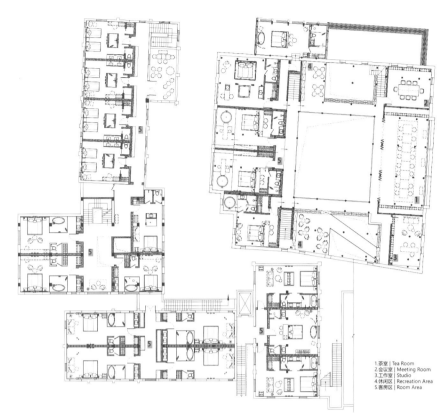

1.茶室 | Tea Room
2.会议室 | Meeting Room
3.工作室 | Studio
4.休闲区 | Recreation Area
5.客房区 | Room Area

二层平面图

四合院二层多功能厅 ◎ 王宁

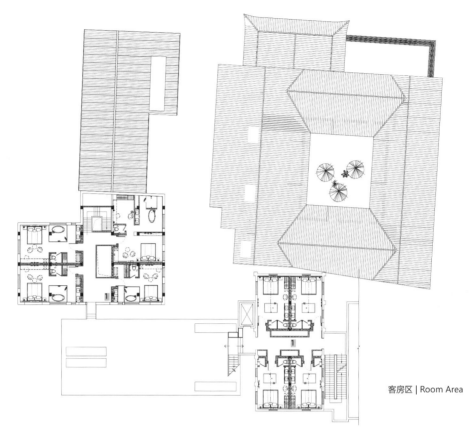

客房区 | Room Area

三层平面图

屋顶花园视角 © 吴清山

四合院客房 © 吴清山

客房公共区域，木材更显温馨 © 吴清山

60 年代主题的建筑公共区域 © 吴清山

城市客厅：将酒店公共功能拓展为城市街道生活的延伸

四合院的改造设计，在更多保留现状的基础上加以修缮，让其作为民宿公共区的同时，也打造为面向城市居民和游客开放的"城市客厅"。在内部选择局部空间进行一二层通高设计，作为或图书馆、或众创空间、或会客、或咖啡吧等功能使用，也是设计中具有反差力的记忆点，让局部的改变完成四合院整体的复苏。

"城市客厅"把原来分裂开来的城市公共活动整合在一起，对内可以精品酒店的服务功能，提升居住的配套附加值；对外向城市开放，成为城市人群活动、聚会、交友、学习等聚集地。而同样重要的是，通过公共区域与民宿区域的分区管理，依旧保证民宿区域的私密性与专属性。

90 年代主题的建筑客房，引景入房，自然合一 © 吴清山

90 年代主题的建筑客房，金属与木艺相融合 © 吴清山

居住对话：以使用者行为作为中心出发的居住空间体验

客房室内空间设计不再以传统酒店的"居住"功能为核心，而是真正站在使用者角度，突破使用功能禁锢，营造场景下的居住体验，将使用者行为作为核心出发点。空间作为身心经验的载体，以不同历史年代建筑的体验感受为主题，为每个客房量身定制身心之旅。通过设计把某一特定行为进行放大，用新的方式来创造人与历史空间的对话。

四合院客房："星空下"的历史畅想

老建筑原有的木梁柱结构自然、纯粹，为保留其本初的美感，设计首先将老建筑的木结构修复和直接裸露作为室内空间的自然划分和主基调，局部点缀既与之相和谐又增加现代氛围的家具。屋顶的木椽石瓦被打开一方天光，在引入自然光线的同时，营造将使用者带入"星空下"百年历史畅想的居住美感中。

60 年代主题的建筑客房，裸砖墙的完美运用 © 吴清山

60 年代主题的建筑客房，开放式浴缸更显现代化设计 © 吴清山

60 年代建筑客房：50% 传统 + 50% 现代

60 年代建筑客房的室内呼应建筑的改造策略和氛围，在"一半"传统结构中注入"一半"的现代梳理，保留了具有历史质感的青砖和混凝土结构，将主体居住功能置入客房的中心位置，给使用者足够的空间留白体验。

90 年代建筑客房：20% 传统 +80% 现代

90 年代建筑客房中的传统元素被选择性筛留，转变为局部的细节展现，大量木色空间包裹营造出更为现代式温馨的居住氛围，为追求更加时尚简洁居住感受的使用者提供选择。

90 年代主题的建筑客房，线与面的交叉设计 © 吴清山

© 柯剑波

存旧立新——时代的渐进

◎ 梅庄民宿

16

天涯也有江南信。
梅破知春近。
夜阑风细得香迟。
不道晓来开遍、向南枝。

——《虞美人·宜州见梅作》【宋】黄庭坚

项目名称：梅庄民宿
设计时间：2019.01—2019.07
建设时间：2019.03—2019.09
项目地点：浙江省杭州市建德市梅城镇
建筑面积：809m²
设计团队：朱浪进，王佩华，陶宝，杨丹，沈碧霞，
包季涵，牛新佳，应卓越，潘于，徐思诗
景观设计：魏剑锋
软装设计：杭州栗厚艺术陈设
业主：浙江研几网络科技股份有限公司
设计方：房子和诗工作室
土建及装修施工：杭州和山太昊装饰工程有限公司
景观施工：浙江伟达园林工程有限公司
外立面木构施工：湖州海格木作定制
建筑摄影：柯剑波

时代的渐进

漏沙流走的时候

我听你说话

于是房子越来越清晰

言语被包围进去

清晨黄昏

建筑在沉默中

诉说自己

———— 朱浪进

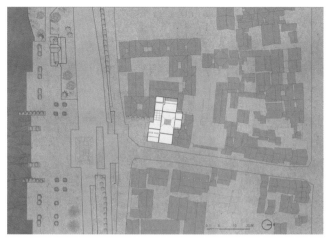

总平面图 © 房子和诗

2015 年写的一首小诗，用来描述四年后当我初次面对梅庄项目原始面貌时的感受是恰当的。建筑是沉默的，却通过空间、材料、以及结构，诉说着自己。两间看似接近的仿古建筑内部，实际上是由建于三个不同历史时期、结构类型迥异的四幢建筑物所组成。时代的渐进在这一组房子上表现淋漓。

项目背景

梅庄民宿坐落在"严州古府·梅城景区"内，位于梅城中轴线——南大街西侧第一间，毗邻澄清门。往南过古城门便是一汪江水，新安江、富春江、兰江，三江在此交汇。

梅庄外立面图 © 柯剑波

改造完成后梅庄民宿鸟瞰——和而不同 ◎ 柯剑波

　　梅城古镇是古严州府府衙所在地，距今已有一千七百多年历史，在此历史前提下，我们的设计工作需要的不仅是对古镇的自然文化背景的理解与尊重，也要考虑到梅城古镇规划的整体需求，将建筑巧妙地融合到大环境中。同时梅庄民宿所处的独特的地理位置以及古镇更新的时代需求，让我们不止步于单纯满足建筑功能需求，也想做出一些新的突破。

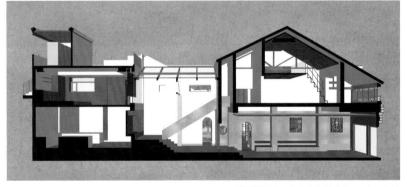

剖透视图显示出室内高差变化 ◎ 房子和诗

历史渐进——和而不同

　　经过调研，基于原始建筑群组本身存在着不同年代的交融，我们决定在满足功能及结构安全的基础上，尽可能多地保持既有建筑的原始信息，同步加入当下的思考元素，这样的处理也许可以为后来者提供一个历史渐进的思路。

　　建筑部分的改造以功能梳理及结构加固为主，仅对西侧受损最为严重且失去结构安全的建筑体进行了落架重建，重建部分的设计在满足实

建筑剖面图 ◎ 房子和诗

际功能需求的前提下，尽可能让新建筑接近原本的结构类型及形式。同时我们保留了结构仍旧坚固可用的原建筑预制混凝土桁架。

对于该建筑仿古外立面的处理是该项目的一个难点。我们认为，在一个真实的年长者与历史肌理面前，缺乏研究的匆忙饰旧，往往是徒劳而乏味的，真实表达当下，并巧妙地回应历史与周遭，显得更具价值。我们选择使用了菠萝格实木条，拼装组合形成拱状空间网格结构，将原本独立的两个仿古门面整合形成一个连续且统一的建筑立面。

格栅自下而上层叠累积，如同历史的沉淀，又犹如自由生长的一棵树，盘踞在立面之上。木结构格栅的拱形样式，弱化了建筑立面的玻璃门窗，同时与一旁澄清门的拱券城门形成对话。这种选择一方面是建筑对在地环境的一种回应；另一方面想通过一种介于斗拱和拱券之间的象征性的"结构体"，含蓄地传递一个观念：斗拱与拱券本质上是一样的。二者本质上都是通过支撑、悬挑以达到获得空间的目的。值得注意的是，建筑立面的改造是可逆的。透过新的木格栅结构，我们仍旧可以清晰看到原本的仿古建筑立面，这也是真实历史的一部分。

在建筑地面标高的设计上，我们尽可能保留了老建筑原本

大厅入口——菠萝格木构体系与室内空间关系 © 柯剑波

的标高关系。建筑之间的高差通过错落的踏步过渡以达到空间的连续，并通过开设拱形门洞连接。这样理性而克制的处理，意外地让建筑内部的空间体验变得更加丰富。同时，为了让原本缺乏采光的重建建筑部分获得良好的采光和视线，我们将原有的瓦片单坡屋面改成了玻璃顶单坡屋面，传承历史信息的同时进行了恰如其分的改变——以不一样的屋顶材料，来呈现一脉相承的屋顶造型。

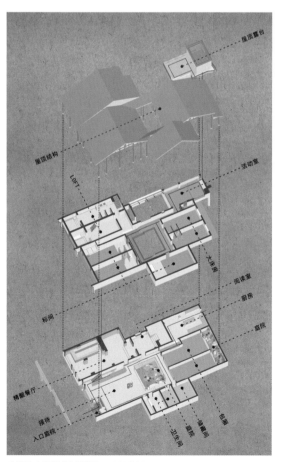

功能及交通流线轴侧图 © 房子和诗

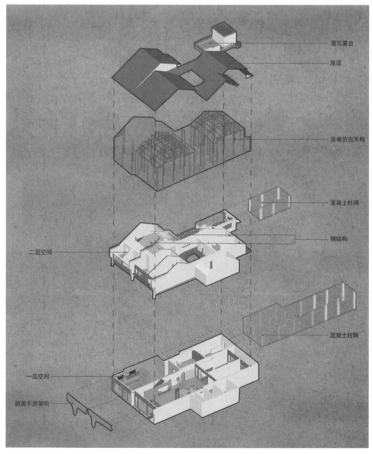

梅庄民宿建筑结构爆炸图 © 房子和诗

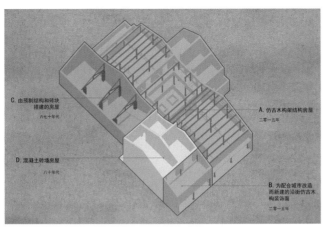

C. 由预制结构和砖块
搭建的房屋

六七十年代

D. 混凝土砖墙房屋

八十年代

A. 仿古木构架结构房屋

二零一五年

B. 为配合城市改造
而新建的沿街仿古木
构装饰面

二零一五年

原始建筑信息分析图 © 房子和诗

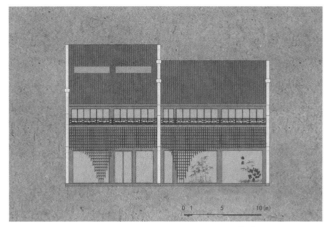

沿街立面图 © 房子和诗

引入自然——突破局限

梅庄建筑群处于道路与周边建筑的紧密包围之中，我们试图突破局限，引入更多的自然与景观。首先我们把原本开放的中庭用玻璃围合成了一个以视觉观赏为主的庭院造景，通过一个小的玻璃门，人们还是可以进入庭院内部。然后我们牺牲掉沿街入口处的一小部分室内空间，构筑了入口屋檐下的景观小庭院——这

不仅成为梅庄民宿的入户前院，更是面向古镇开放的一处小花园，让原本乏味的商业街道增添了一点绿色。最后我们开辟出一处屋顶景观露台，以观山水。

两幢建筑的木制门户也被拆除，换成了玻璃，这个改动不仅是基于商业的考虑，更重要的是扩大了内部的视野和空间感，室内空间仿佛向外延伸，让人重新置身于梅城宏大的历史氛围中。

二楼走廊看中庭上空 © 柯剑波

阅读室老的桁架被保留——玻璃顶采光 © 柯剑波

精酿餐厅大厅 © 柯剑波

二楼休闲区望向窗外——古镇的历史就在眼前 © 柯剑波

结语

梅庄民宿之于梅城古镇，也不过是小小一隅。在整个建筑的改造过程中，我们可以发现建筑师的选择似乎非常受限，唯一可以大刀阔斧进行改造的重建部分，也出于对历史建筑的珍惜，十分克制地还原了之前的空间结构。但这样的处理也的确生长出了独特的空间体验。或许自由，往往生于限制。

真实地反映历史和当下，应该是真挚而坦诚的。国内现存不

的古镇大同小异，仅凭照片几乎无法辨别，古镇的改造也许不应该一直停留在千年前的历史风貌里，而应有一些延续性的发展。这样渐进式的选择也许可以为古镇的发展注入新的活力。以往古镇商家改造通常内部格局被改得面目全非，外形却仍保留着古镇统一的仿古外立面，往往徒有其形，实则内在已然抛弃了古镇内在的文化神髓。我们在梅庄的改造设计反其道而行，对内部结构的改造十分克制，反而在其仿古外立面上采取了不一样的策略和设计，以表达我们当代的建筑师对于古建筑改造一样的思考。

走廊 © 柯剑波

精酿餐厅吧台 © 柯剑波

大厅回望 © 柯剑波

客房室内 © 柯剑波

重构空间——乡土与时尚并存

造币局民宿·太岳院子

17

往事流年恨不同，依然赢马浪西东。
闲来屈指长安陌，一笑浮生是梦中。

——《忆往日》【明】邓云霄

项目名称：造币局民宿
设计时间：2019.04—07
建成时间：2020.08
项目地点：山西省沁源县沁河镇韩洪沟村
场地面积：960m²
建筑面积：540m²
业主：沁源县人民政府
建筑、室内、景观设计：三文建筑
主持建筑师：何崴、陈龙
设计团队：桑婉晨、曹诗晴、刘明阳
摄影：金伟琦

场地，曾经的红军银行

韩洪沟老村曾经是抗战时期太岳军区后期部队所在地，项目所在的老院子曾经是当时的银行，这为项目平添了几分传奇的色彩。

此处位于村庄尾部，位置私密、幽静，北侧是山坡，南侧朝向原来的泄洪沟渠，视线相对开阔。原址上有三个并排但独立的院落。院落格局规矩，正房二层，形制是沁源地区典型的三开间，一层住人，二层存放粮食和杂物。厢房一层，因为年久失修，大多数已经破损或倒塌，很难一窥全貌。改造前，三个院落已经闲置多年，原住民早已迁到新村居住，此处产权已经移交给村集体。

布局，打通院落，重构空间

新功能决定原来彼此隔绝的三个院落格局必然会被打散、重组。民宿不同于民居，它需要公共服务区域、前台、客房和后勤部分，且客房要有一定的数量，服务要有便捷性。

设计的策略分为几个步骤：首先，对原有建筑进行评估，对保存良好，可以继续利用的房屋进行保留、修缮；对已经无法继续使用的建筑进行拆除。其次，拆除 3 个院落之间隔墙，将场地连接为一体，重新组织入口和交通流线。最后，根据新场地景观和功能组织，新建单体与保留建筑一起重构场所。

水刷石、青砖、土坯墙形成不同质感的外立面 © 金伟琦

从溪流处看民宿 © 金伟琦

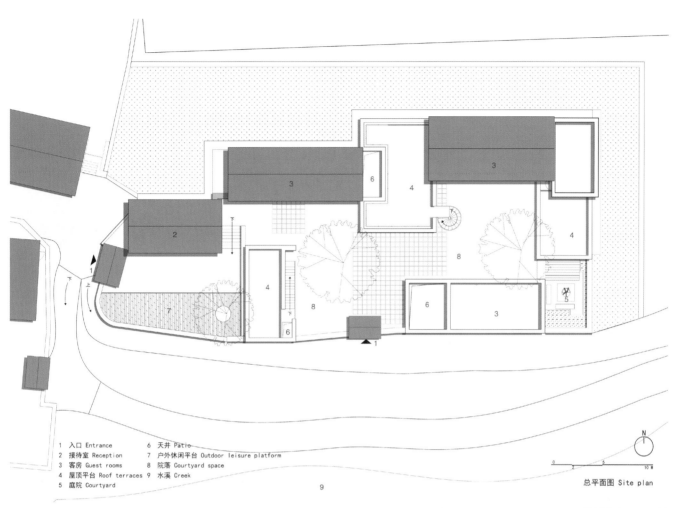

1　入口　Entrance
2　接待室　Reception
3　客房　Guest rooms
4　屋顶平台　Roof terraces
5　庭院　Courtyard
6　天井　Patio
7　户外休闲平台　Outdoor leisure platform
8　院落　Courtyard space
9　水溪　Creek

总平面图 Site plan

总平面图 © 三文建筑

民宿鸟瞰图 © 金伟琦

客房夜景 © 金伟琦

　　完成后，原正房与新厢房的空间关系仍然被保留，正房两层高，位置不变，新厢房一层，处于从属地位。但空间格局并不墨守原貌，利用新建的厢房，空间的流线和室外空间得以重构，同时利用现代的形式和新材料，新建筑和老建筑形成一种戏剧性的对话关系。

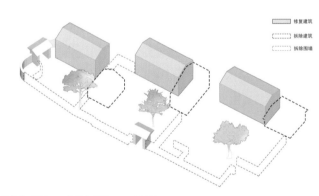

修复建筑
拆除建筑
拆除围墙

体块生成图 -2：修缮与拆除 © 三文建筑

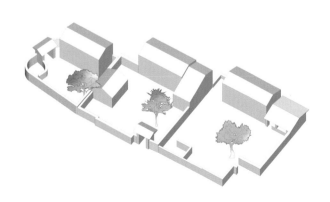

体块生成图 -1：原貌 © 三文建筑

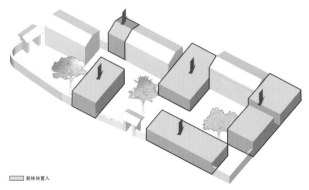

新体块置入

体块生成图 -3：新建 © 三文建筑

建筑，天井、露台，土坯砖、水刷石和瓷砖

建筑的设计延续了布局的逻辑。正房或被保留修缮，或按照原貌复建，它们在空间中居于显眼的位置，形式的地域性宣告了民宿与场地文脉的关系。入口院落的正房是民宿的前台，后面两个正房是客房。正房二楼不再是存放杂物的空间，它们被改造为客房使用，但立面的传统格栅形式被保留，回应了沁源地区传统民居的风貌。原建筑的土坯砖被继承，根据传统工艺新制作的土坯砖墙既唤起历史的记忆，又极具装饰感。

新厢房采用平顶形式，更抽象、更具现代性，又为民宿提供了更多、更丰富的室外空间（二层平台）。为了保证一楼客房的私密性，新建客房设有属于自己的小院或者天井，建筑朝向小院或天井开大窗，形成内观的小世界。

建筑外立面没有使用乡土的材料，而采用了水刷石。这既是对 20 世纪 80 年代，也是对建筑师自身回忆的一种表达。灰白的碎石肌理和老建筑的土坯墙形成柔和的对比，不冲突，但有层次。彩色马赛克条带的处理，既是对斯卡帕（Carlo Scarpa）的一种致敬，也对应着乡村瓷砖立面的命题。建筑师希望借此引起对乡村瓷砖立面的一种反思，不是简单的批判，而是理性的思考，以及想办法解决。

民宿庭院夜景景观 © 金伟琦

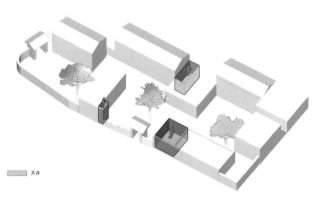

天井

体块生成图 -4：天井 © 二文建筑

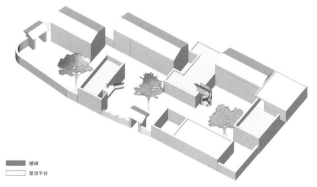

楼梯
屋顶平台

体块生成图 -5：屋顶平台 © 二文建筑

框景内的夜景一隅 © 金伟琦

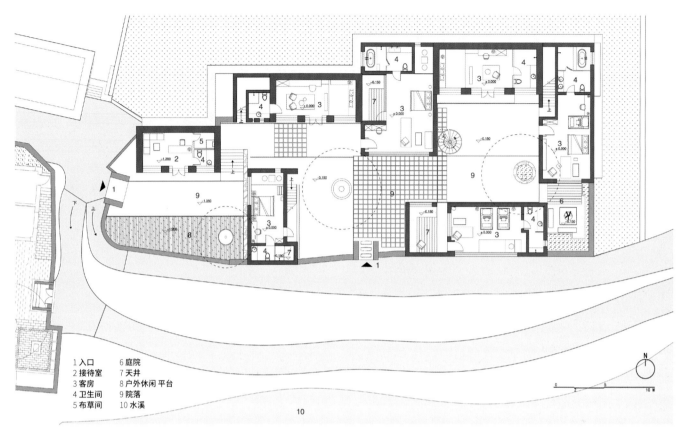

1 入口　　6 庭院
2 接待室　7 天井
3 客房　　8 户外休闲 平台
4 卫生间　9 院落
5 布草间　10 水溪

N

首层平面图 © 三文建筑

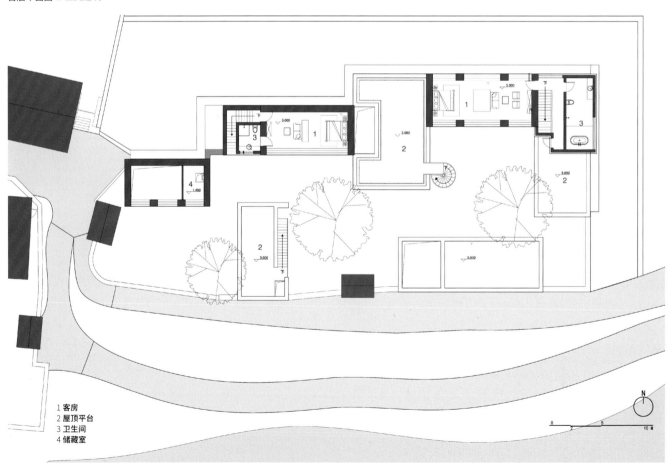

1 客房
2 屋顶平台
3 卫生间
4 储藏室

N

二层平面图 © 三文建筑

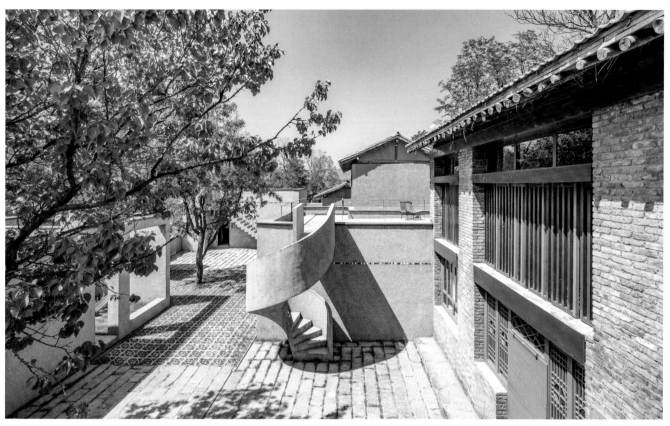

从屋顶平台看客房和院落 © 金伟琦

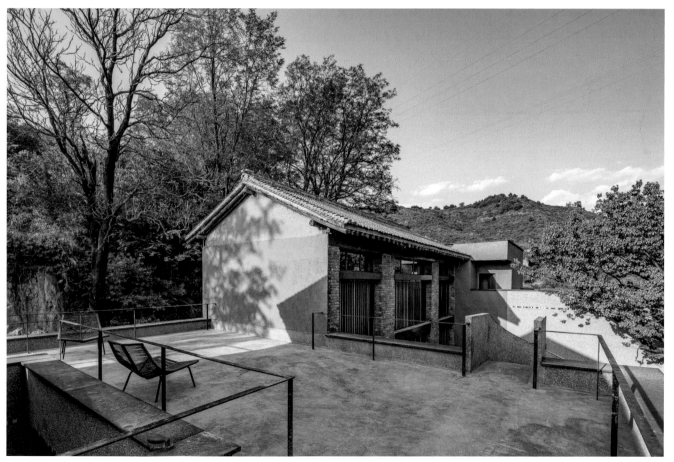

民宿屋顶平台 © 金伟琦

室内，亦土亦洋

从设计逻辑上，室内是建筑的延续。建筑师希望营造一种乡土与时尚并存的感觉，既能反映山西的地域性，又能符合当代人的审美和舒适性要求。

客房空间的组织根据客房的面积和定位布置，符合当代度假民宿的需要。新建筑客房天花使用深色界面，让空间退后；地面是灰色的纳米水泥，在保证清洁的基础上，给人一种酷酷的时尚感；墙面为白色，保证了室内的明亮度。老建筑客房天花保留原建筑的天花形制，木质结构暴露；地面是暖色调的实木地板或仿古砖，给人温馨舒适感。墙面为土黄色的定制涂料，给室内氛围增加怀旧感，也符合当地民居特色。

床的处理有几种不同的方式，包括：炕、标准的床和地台。

老建筑的一层客房中采用炕，二层由储藏空间改造的客房采用标准的床，而新建的客房则多为地台。这样的处理既满足了不同使用人群的入住体验，地台的使用也便于灵活组织房间的入住形式，在大床、标间之间转换。

在两种"对抗"的室内风格基底上，为了提高设计的整体性，家具和软装选择了相同的风格。毛石、实木、草本编织、粗布等乡土材料被大量使用，但它们又经过精细的挑选、搭配和加工，呈现出一种"粗粮细作"的状态。颜色也直接影响了室内的最终效果，不同的房间使用不同的主题颜色，也与建筑的外观颜色相对应。坐垫、地毯、壁饰等软装，使用了浓郁和鲜艳的色彩，它们作为空间中的跳色，活跃了气氛。

传统风格的室内空间 © 金伟琦

原木、土墙和手绘天花传递了浓郁的乡村气息 © 金伟琦

二楼大客房室内，草编屋顶保留原始气息 © 金伟琦

卫生间室内 © 金伟琦

天井的设计增加了空间的层次 © 金伟琦

延用北方的炕作为民宿的床 © 金伟琦

© 稳摄影

时空延伸——空间边界的二次塑造

◎ 黄山山语民宿

ng Road

沅水通波接武冈，送君不觉有离伤。

青山一道同云雨，明月何曾是两乡。

——《送柴侍御》【唐】王昌龄

2

3

项目名称：黄山山语民宿
项目地点：黄山市汤口镇
室内面积：1290m²
设计单位：静谧设计研究室 qpdro
主创设计：林世明，李霞
结构设计：陈强
平面设计：周洪设计研究室
标识制作：良良广告
项目类型：精品民宿
主要材料：茶园石，水磨石，肌理涂料，铁艺金属，菠萝格
项目拍摄：稳摄影

汤口镇距离黄山南大门1km，是黄山的主要生活服务基地和旅游接待基地。我们改造的项目不在镇子中心地带，位于冈村小岭下1号，原建是一幢典型的老式景区酒店，建在整个沿路建筑群的最西侧，东南侧是冈村路，视野开阔，建筑西南向面山，山下有一条溪流。原建筑东南立面庭院地块呈三角形，整个建筑的场地边界模糊。

作为沿路建筑群的一部分，建筑边界除了受到道路走向的影响外，还有一部分边界的形成来自周边自然景观相互挤压。在建筑庭院外面是由北向南下坡的乡道，停车场用地在乡道的另一侧，在初期测量阶段由于地面是硬化坡面，高差的问题很容易被忽略掉，实际上建筑室内地面与乡道的相对高差接近1.5m，这个相对高差对于建筑空间的二次塑造很重要。

原本的建筑内部空间虽然是以住宿来规划的，但是过于单一的户型和高密度的房间数量导致房间的采光不佳和紧凑的卫生间面积，已经不再符合当下的住宿要求。在建筑外立面首先要剔除的是元素形式拼贴部分，包括阳台的琉璃瓦装饰部件和顶楼的长城墙造型扶手，以及巨大的酒店门头部分，去掉这些拼贴元素回归空间的表达，另外对室内外关系的整体梳理，其实建筑空间的重塑才是最好的表达。

如何实现可控的边界？是在这次改造设计过程中一直被重复探讨的问题。在总平面功能布置设计中，有一个绕不开的部分就是呈三角形的庭院，这导致不管在庭院还是在室内往实体边界外看的时候总是有一个夹角形成的区域，我们采取的设计思路是弱化三角区域的视觉存在感，首先将庭院的入门设计在与建筑平行

拓展房间户外部分，让室内有更多的采光和视觉延伸 ◎ 稳摄影

建筑整体实拍，现浇混凝土围墙以镶嵌的方式置入场地 ◎ 稳摄影

项目地址原貌

项目地址原貌

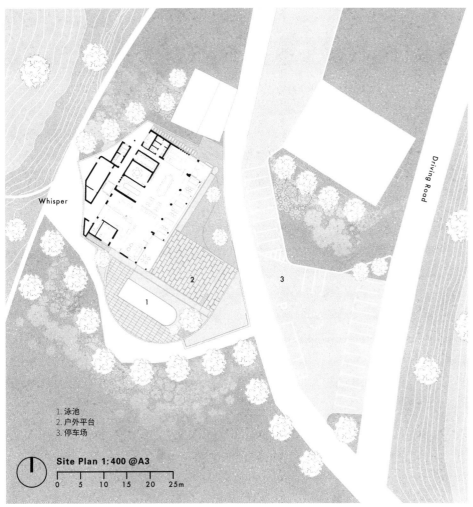

Whisper

Driving Road

1. 泳池
2. 户外平台
3. 停车场

Site Plan 1:400 @A3

0 5 10 15 20 25m

建筑场地总平面

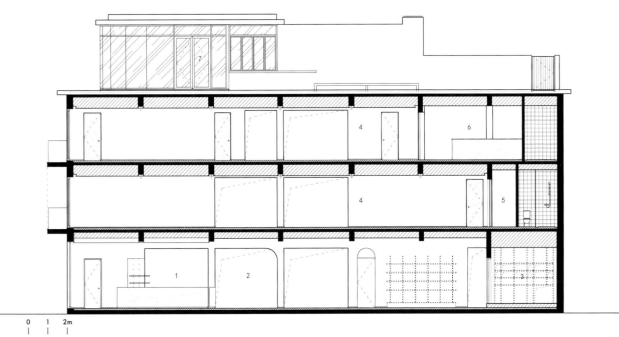

0 1 2m

1. 吧台 2. 等待区 3. 茶室 4. 走廊 5. 双人间 6. 大套房 7. 多功能厅

剖面图—1

的切线上，让三角区域的部分被压缩到最小的状态，也是高差处理最低矮的部分，另外引入一个半圆的弧线和建筑的平行切线形成一个整体，后期建造的现浇混凝土围墙以镶嵌的方式置入场地，衔接到两侧原有的围墙。围墙作为一种边界的实体，我们希望与建筑的关系呈现一种低矮的状态，为了让停车场与建筑主体保持更多联系，我们预留了一部分格栅方孔隔墙，材质同现浇的围墙一样，在强化边界的同时保证视觉外延。

庭院被拆分成三个高度，泳池和室内地坪处在最高的平台上 © 稳摄影

建筑立面和室内使用空间的二次塑造

建筑一层作为整个民宿最重要的公共区域，承载入住接待、用餐、交流以及后勤的部分，二层三层为主要客房区域，顶楼除了多功能厅还有复式二层卧室和户外独立露台，13 个客房涵盖不同房型。

建筑立面原来的门廊被改造成抬高的用餐区域，门廊完全消失变成建筑体块中的一部分，增加三楼的飘窗，让建筑立面摆脱原本的扁平化。拓展房间户外部分，让室内有更多的采光和视觉延伸。主入户门被放置在靠近庭院院门的垂直视线上。由于相对高差较大，在庭院门与到室内空间设计了一条无障碍的坡道。庭院被拆分成三个高度，泳池和室内地坪处在最高的平台上，庭院入户是第一个独立的高度平台，第二个高度是庭院的石板硬化面。在动线设计中，除了功能型流线以外还有建筑中隐形的游走路线，你可以选择快速到达的路线，也可以尝试选择弧形楼梯和外挑楼梯的结合线路。游走在建筑中看到的局部，以视觉的方式在记忆中形成一个相对完整的碎片整体。

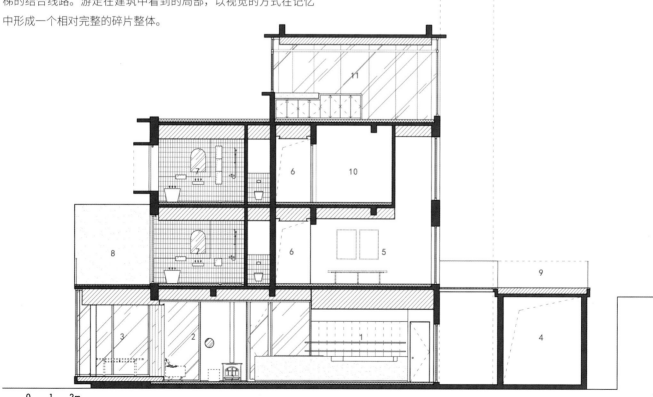

0 1 2m

1. 吧台 2. 休息区 3. 餐厅 4. 厨房 5. 电梯厅 6. 走廊 7. 家庭房 8. 阳台 9. 露台 10. 布草间 11. 多功能厅

剖面图—2 ©qpdro.com

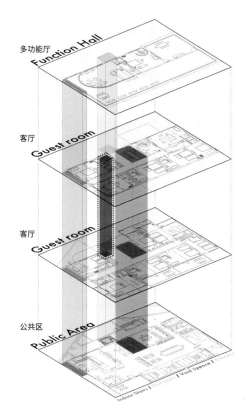

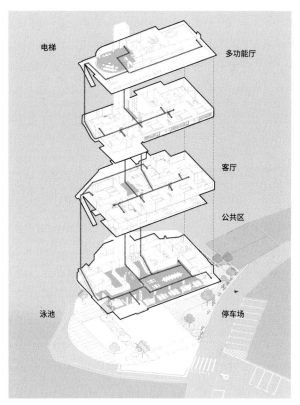

通道及挑空示意图 ©qpdro.com

动线示意图 ©qpdro.com

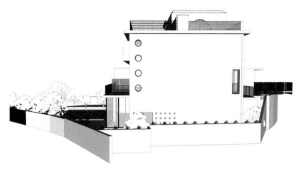

模型立体图 ©qpdro.com

被抵消的边界

　　在整个项目空间的改造中，试图使用天井的植入达到不同程度上的空间交叠关系。我们在主建筑和辅助建筑中间设置了采光天井让一楼的北向有大的进光量和空气对流。主楼梯天井的改造，原本的楼梯台阶在俯视的角度只预留了扶手的间距，通过一楼的楼梯是重新浇筑和二楼和三楼楼梯的天井改造，实现贯通三层建筑高度的楼梯天井，某种程度上也是达到间隙空间的引导作用。另外还有一个辅助的小天井，在二楼和三楼之间，增加空间趣味性的同时也可以为室内争取更多北向的采光面。复式的二层的长条天窗虽然以前的改造项目中也有出现，这次采用全无框的处理，总感觉顶面进光方式让人有一种神秘感。边界被适当地表现出来，那么内部就可以看作是它的领域。抵消也可以是开创的一部分。

　　对事物的最初认识和相处方式都会被放大在自己的记忆中。在建筑构件和室内设计的部分都可以看到类似的处理方式，露台格栅的铁艺栏杆和现浇混凝土扶手；长条飘窗上窗户立面竖向格栅；楼梯天井阵列圆形采光窗；方形格栅的茶室隔断和木门；顶楼窗户立面横向方格分割。弧形的元素最开始的使用是在围墙处理上，我们希望放大弧形元素的使用范围，顶楼多功能厅的弧形轮廓处理，可以把它想象成放置在屋顶的巨大玻璃储水箱；主楼梯天井边缘的弧形处理，以及复式房间的弧形楼梯，包括后期的视觉系统也带有弧形的元素。这个部分其实在室内材质的使用上也可以看到，它们不是单一出现在一个空间当中，而是用整体归纳的方式被使用，新旧茶园石的地面；磨砂U型玻璃隔断和茶几；不同灰度肌理涂料；金属面……，虽然使用材质不多，但多形式和重复出现的方式，包括对应的材质在家具上的使用，都如同在记忆中放大了的样子。有相似性的同时存在差异，让各个部分的变化保持着一种关联性。

接待休息区：采用木艺裸露屋顶 © 稳摄影

标准客房 © 稳摄影

顶楼咖啡吧休息区，落地窗可将景色尽收眼底 © 稳摄影

二层公共区：天井的植入达到不同程度上的空间交叠关系 © 稳摄影

复式套房 © 稳摄影

塑造人与人有交流氛围的空间

我们所理解的地域性文化的强调并不是整齐划一的元素拼贴术，应该是促进交流和接触当地的文化，包括生活器物的收藏或者是当地食材和美食做法追溯等。建筑与室内空间是被使用或者说是服务性空间，更符合当下居住要求的乡村产业改造也是必然的，项目改造本身就是打破关系和塑造关系的一种试探。

楼梯© 稳摄影　　　　　　　方形格栅的茶室隔断和木门© 玲摄影　　　　黑色的弧形楼梯更具动感© 玲摄影

套房休息区细节© 玲摄影

上善明净的栖水之美

古往今来的名人雅士，对水，无不都有着近乎偏执的喜爱。临水而居，择水而憩则象征着一种尊贵的生活。在居住美学中，水景也被赋予着极高的精神内涵。水滨结庐，自古以来都是人们追求的理想生活，美丽的水景上晨起朝阳，暮落霞光，给生活赋予了更多的意义。"上善若水，水善利万物而不争"，古人，将水的清澈透明与人的养性联系在一起，成了传统文化中最绝妙的一曲，无色无形，川流不息。

安静的人，想在水边有个院子，遇一人白首，择一人终老，一辈子，安稳而幸福。豪情的人，喜欢"坐看河边云卷云舒，运筹帷幄天地间"。临河而居，是很多人梦寐以求的居住状态，推窗眺望河水悠悠，静看人世纷扰尘嚣，面朝河水春暖花开，观江河上千舸万帆，进享繁华，退享自然。

"曲水有情，直水无情"，古人认为曲水是天赐之物，是罕见的美景。蜿蜒流转的河流，似乎也被造物者赋予了生命，向古人诉说自己数百年的积淀。古人认为河流面对建筑向内弯曲，是一个吉象，如同人类对水的依赖，河流，此时像慈爱的母亲，环抱住宅。风水学里，这种位置，叫作"玉带环腰"。

临水而居，择水而憩，自古就是人类亲近自然的本性。祖先们一声对水的远古呼唤，从彼时的山洞里，传到今天。如今尘世浮华，人享之物，千篇一律。如同钢铁丛林里的住宅楼，在忙碌的生活中，人们似乎也逐渐妥协了自己的美学追求。古人乐水而居，择静而住，为求大环境的安宁。而尝遍工业化乏味的人们，是否想要那独有的临水而居的内心安宁呢？

在《天光水色——云合影丛，一切生发于自然：蜜悦·圣托里尼VILLA洞穴民宿》项目中，诗情：情在"海"中，画意：意在"艺术"中。

对于海的向往，大概是刻画在了人类的骨血之中。在深圳南澳最美的海岸线上，蜜悦将脚步停驻，为人们划下休憩放松的最佳之地。为了将功能性民宿融于仿佛莫奈画作中的风景里，蜇声设计在蜜悦·圣托里尼民宿（一期）设计的经验之上，根植于当地自然原本的状态，加入设计师的巧思与建筑元素，打造出全新的蜜悦二期——VILLA洞穴民宿（二期）。回归建筑纯朴的理念的同时，赋予空间价值与优雅气质，营造人与自然的心灵之旅。

蜜悦·圣托里尼VILLA洞穴民宿设计是从历史、文化、音乐、时尚等各种元素之中获得灵感，而不是一味拘泥于某种固定的风格体系。蜇声设计基于当下的审美趋向与艺术手法，将侘寂、质朴与现代以一种奇妙的方式结合，形成不一样的"折中"艺术。整个建筑回归简单质朴，打造一眼即是的休闲

放松之感。简单优雅的设计，将视觉与体验的立体层次提升，让人能够更加直观地感受自然，融入自然。在这里，明媚的日光浴与清新的空气都变得简单。风景随着人们的脚步，在光影流淌间向室内延展。打开窗户，远山与碧海，山林与流云……

在《水天相接——自然与建筑的相互接纳：顺水的六种方式·雨屋》项目中，诗情：情在"屋"中，画意：意在"雨"中。

雨屋的屋顶是建筑与天空的连接，是空间重要的庇护，也是建筑的核心要素。屋顶的形式逻辑被两个自然要素所左右——重力和雨水。重力作为恒久存在的万物法则，雨水作为时刻变化的自然之物。对重力的抵抗、对雨水的疏导，决定了屋顶的形式演变。随着现代材料和力学的发展，自然要素不再是屋顶形式的主导，建筑显现出一种强大无比的人力结果，变得越来越像机器，形体的几何纯粹性和形式的手工操作感展现着现代人的野心。

设计师对于建筑的哲思并非如此，建筑不是对自然驱赶，而是天人合一的互相接纳：对自然的狂野进行顺导，对自然的生机尽心呵护。雨，是因重力落下的水。水，既无形又有形，既柔软又强力。容器可以刻画水的形状，重力可以推动水的力量。水的顺导是对重力动态的刻画，容器般的建筑则是对重力静态的塑造。一静一动，被牛顿精简成公式的万有引力，因建筑能够呈现出多种推演的证明。雨屋位于远离城市的半山之中，周围被竹林和农田环绕。两座分开的村宅用一片大屋顶覆盖。屋顶被圆柱撑起，雨水被以多种方式和路径导向地面，形成一种无形和有形的对仗，于此，我们称之为顺水六式。雨屋的顺水六式体现如下：

举水：将屋顶高高举起，或从地面挺立或从墙边承托，水波形连续的屋顶是导水的容器，将原本均匀落下的雨滴汇聚成线性的水路。

川水：水路沿竖直方向奔涌而下，形成最有力量的疏导。"水滴石穿"是描述水力的古老词汇。而在设计中则是让水路向下洞穿混凝土板，让水之力得以显形。

引水：反曲形水渠，渠之形即为水之形，渠之向引水而去。

散水：将水从半层屋顶直接沿屋檐散落，跌入水塘之中，这种最质朴的落水方式是自由释放的水的原始形态。

踏水：在建筑二层，路径必经之处，要穿过一处水塘，水塘中圆形的汀步需要量好步伐跨越而过，如同雨天在野地里避开水坑地踏水而行。

跨水：桥是富有诗意的人造物，连接和跨越：越涧，越塘，越层，是空间之间，身体层面的线性连接。在雨屋的顶层，有一间四面通透的大山亭，在屋中，将远山和身体联结。在檐下，于心中，留一片山水。

19

天光水色——云合影从，一切生发于自然

蜜悦·圣托里尼 VILLA 洞穴民宿

海上生明月，天涯共此时。
情人怨遥夜，竟夕起相思。
灭烛怜光满，披衣觉露滋。
不堪盈手赠，还寝梦佳期。

——《望月怀远》

【唐】张九龄

项目名称：蜜悦·圣托里尼 VILLA 洞穴民宿
项目位置：中国 深圳
建筑面积：1000m²
主创建筑师：文志刚
建筑改造 / 室内设计：蜚声设计
硬装设计：姚尧梦越，黄楠
软装设计：蜚声设计
建筑摄影师：欧阳云 - 隐象建筑摄影

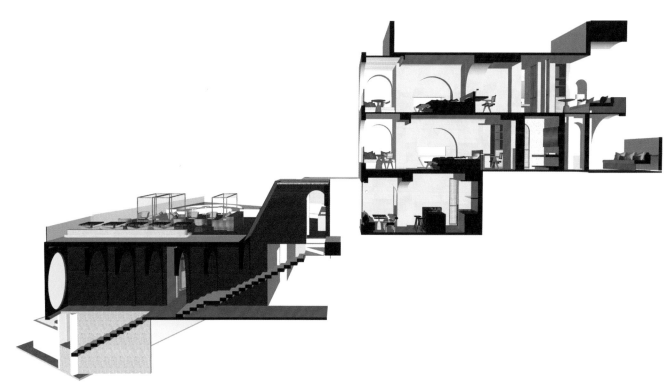

剖立面图 1 © 蜚声设计

精巧的摆件给室内增加了轻松的氛围 © 欧阳云 - 隐象建筑摄影

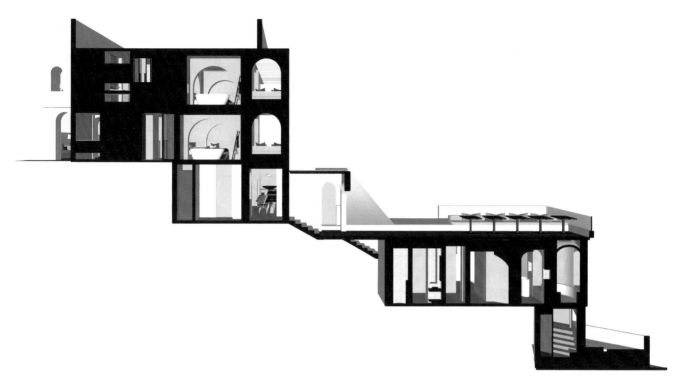

剖立面图 2 © 蜚声设计

从明天起，做一个幸福的人，喂马，劈柴，周游世界。

从明天起，关心粮食和蔬菜。

我有一所房子，面朝大海，春暖花开。

——海子

对于海的向往，大概是刻画在了人类的骨血之中。在深圳南澳最美的海岸线上，蜜悦将脚步停驻，为人们划下休憩放松的最佳之地。为了将功能性民宿融于仿佛莫奈画作中的风景里，蜚声设计在蜜悦 圣托里尼民宿（一期）设计的经验之上，根植于当地自然原本的状态，加入设计师的巧思与建筑元素，打造出全新的蜜悦二期——VILLA 洞穴民宿（二期）。回归建筑纯朴的理念的同时，赋予空间价值与优雅气质，营造人与自然的心灵之旅。

外部：远山如黛 近水含烟

设计是从历史、文化、音乐、时尚等各种元素之中获得灵感，而不是一味拘泥于某种固定的风格体系。蜚声设计基于当下的审美趋向与艺术手法，将侘寂、质朴与现代以一种奇妙的方式结合，形成不一样的"折中"艺术。

整个建筑回归简单质朴，打造一眼即是的休闲放松之感。简单优雅的设计，将视觉与体验的立体层次提升，让人能够更加直观地感受自然，融入自然。在这里，明媚的日光浴与清新的空气都变得简单。风景随着人们的脚步，在光影流淌间向室内延展。打开窗户，远山与碧海，山林与流云，倒生出几分禅意来。

外观——入门即是风景 © 欧阳云 - 隐象建筑摄影

风景随着人们的脚步，在光影流淌间向室内延展 © 欧阳云 - 隐象建筑摄影

卧室——家具和摆件给房屋注入了复古的温柔与自然的生机 © 欧阳云 - 隐象建筑摄影

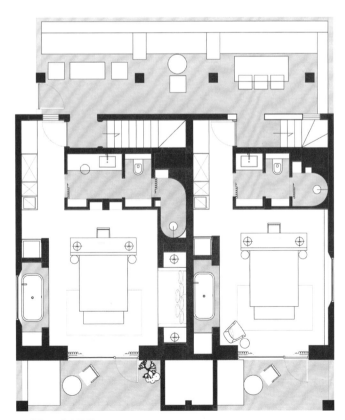

平面图 1© 蜚声设计

卧室——宁静的氛围带给人不同的体验 © 欧阳云 - 隐象建筑摄影

卧室——两面环窗的设计，更好的感受风景 © 欧阳云 - 隐象建筑摄影

客房：初日碧海 光影玲珑

入门即是风景，大概是客人们对房间的最高评价了。设计师将玻璃窗大面积置入室内，将自然风景与光影诗意引入其中，形成建筑内外的互动对话。侧目满眼碧海，抬头皆是星光，为整个房间增添了无穷尽的浪漫主义色彩。弧形的圆拱设计，营造出洞穴般的原始风情，同素净的墙壁一起，展现出一种质朴的粗粝感。光影如海浪般在屋内起伏，勾勒着建筑的边界与线条。在强化了弧线的张力的同时，延伸着曲面带来的视觉广度。

"好似有人把人间流走的美好拉回了一海里的诗意。"

得益于玻璃与光影的配合，房间内独占一片浪漫海景。蜜色的余晖与粼粼的波光晃入室内，与房间内的木质香气一同在空中浮沉，度假感就在这样的氛围中变得生动起来。多了一分大理的文艺柔情，增了些许圣托里尼的纯洁俏皮，山海与爱，浪漫与纯粹，全揉进这一段旅程里。

设计师从物质的纯粹质感中，获得自然符号的灵感，将质朴的物件、窗外的景物与跳动的光影相融合，生发出令人惬意与松弛的感触。藤条编织的草帽与家具，泥土纹理的亚麻织物，有质感的当地石头，或是出现即抓人眼球的红色木凳，为赤裸的空间，注入复古的温柔与自然的生机，创造出一种悠闲奢华的氛围。它们带着远山的悠扬，乔木的芬芳，为每位客人创造了一个放松的私人庇护所，将人文情怀与空间质感相融合，达到功能与美学的完美统一。

窗内窗外皆是风景 © 欧阳云·隐象建筑摄影

卧室——通过玻璃折射的光，增添了生动感 © 欧阳云·隐象建筑摄影

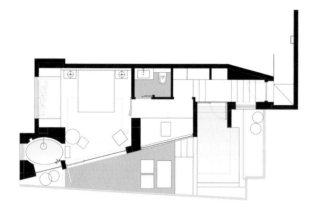

平面图 2© 蛰声设计

清冷与浪漫的相互结合 © 欧阳云 · 隐象建筑摄影

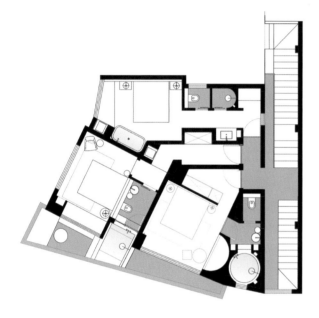

平面图 3© 蛰声设计

平面图 4© 蛰声设计

室内——红色的木凳格外抓人眼球 © 欧阳云 · 隐象建筑摄影

时光走廊——带着光影与时间来到我们面前 © 欧阳云·隐象建筑摄影

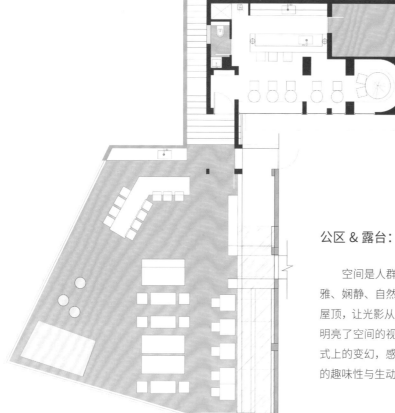

平面图 5 © 蜚声设计

公区 & 露台：光影交织，人影幢幢

　　空间是人群的聚集，给予人类交互的可能性。设计师赋予空间以优雅、娴静、自然的大方，引导人们停顿、凝望、小憩、交流。玻璃嵌入屋顶，让光影从空中轻盈流泻，与侧面跃入的光线层层交织，互相辉映，明亮了空间的视野，提升了人群交流互动的可能性。纵横交错间生成形式上的变幻，感受明与暗的对比，以表达建筑的艺术哲学，增加了空间的趣味性与生动感。

卧室——玻璃与光影的配合下海景更显浪漫 © 欧阳云 · 隐象建筑摄影

"皓月流光无际，光影转庭柯。"中国的文学与绘画之妙，皆于意境。而意境的体现，往往存在于留白。露台设置的凉亭，便成了这一意境的最好体现。蜚声执拗于简单质朴的结构设计，回归建筑最本真的几何形态，将自然吸纳为设计的元素，以平直的思考来展现空间与自然的关系。在日出月升之际，在四季轮转之中，在潮涨潮落之时，帮助人们找寻到内心的归属感。

时光走廊：疏影横斜，时光氤氲

"时间是一个绵延的东西。"它携带着光与影，在建筑的空间里自由地穿梭，弥散至建筑的每一个角落，在每一个黎明或午夜，留下一丝似有若无的呼吸，给予建筑空间有序中的自由色彩。不同于常用的黑白交织意象，设计师将古典的故宫红，与岁月一同揉入建筑当中，让人在穿行感悟之时，触碰到岁月的温度。

时光走廊中的摆件的设计，点醒着不同人的不同回忆。而走廊尽头的玻璃窗，更是传达着设计师对于人生的思考。

"在时间的尽头，你希望看到的是什么呢？"

时光走廊——岁月中，自由温暖的色彩 © 欧阳云·隐象建筑摄影

时光走廊——与风一起呼吸 © 欧阳云·隐象建筑摄影

阳台——几何形态的淳朴更显意境 © 欧阳云·隐象建筑摄影

© 叶松、瀚默视觉

20

石海相语
——栖息于海岸边的一块礁石，享与海的对话

厦门 言海民宿

房间/23㎡

房间/23㎡

东临碣石，以观沧海。水何澹澹，山岛竦峙。树木丛生，百草丰茂。秋风萧瑟，洪波涌起。日月之行，若出其中；星汉灿烂，若出其里。幸甚至哉，歌以咏志。

——《观沧海》【东汉】曹操

项目名称：言海民宿
建成时间：2021.04
项目地点：厦门
建筑面积：800m²
设计方：杭州时上建筑空间设计事务所
设计师：沈墨、林奇蕃
施工团队：邹子帆
品牌设计：SPIRITLAKE
设计内容：建筑改造、室内设计、景观设计
建筑摄影：叶松、瀚默视觉

曾厝垵位于厦门的东南部，这里原本是个临海的村庄，也被称为最文艺的渔村，集原始的自然景观与人文为一体。言海民宿的名字从地理位置谐音而来——沿海，在这里可以直接眺望大海，与海对话。

改造前的言海原本是一间村民的房屋，设计师重新进行了区域划分，在拥有着十二间客房的同时还有活动草坪、篝火派对区、餐厅以及星空泳池。

设计师让建筑拟化成海岸边的一块礁石，将斜切面的元素沿用至空间的每一处细节中。打破建筑传统四方的概念，建筑在拥有功能性的基础上能够与自然相结合，显得独具一格。

入口建筑全景 © 叶松、瀚默视觉

室外泳池 © 叶松、瀚默视觉

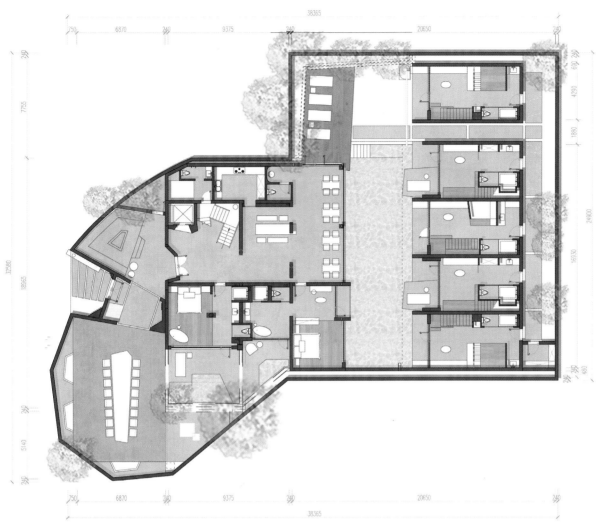

总平面图 © 杭州时上建筑空间设计事务所

泳池尽头的露天影院 © 叶松、瀚默视觉

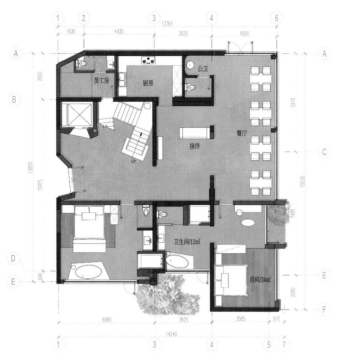

一层平面图 © 杭州时上建筑空间设计事务所

不规则洗手池更具设计感 © 叶松、瀚默视觉

入口公共区域 © 叶松、瀚默视觉

公共区域与餐厅进行结合，透过落地玻璃可以看到星空泳池的全景。

设计师希望客人可以从房间中直接跃入水中，时刻能与大海进行互动。因此在两幢客房间建造了一个星空泳池，呼应了"海天一色"的概念。

提取出热带地区的特色水果，椰子中果肉与壳的色调融入空间中，选用米色涂料与木材做搭配，呈现出明媚温暖的质感。

亲子房中的结构形态各异，充满着趣味性，配上滑梯与镂空墙，整个空间仿佛是一个游玩的天地。同时考虑到实用与美观性，圆形的弧度能够最大地保障孩子在玩乐时的安全问题。

光与影的交织 © 叶松、瀚默视觉

木艺餐桌 © 叶松、瀚默视觉

具有自然气息的餐厅 © 叶松、瀚默视觉

米色涂料与木材做搭配的客房 © 叶松、瀚默视觉

特色楼梯 © 叶松、瀚默视觉

三层观景露台 © 叶松、瀚默视觉

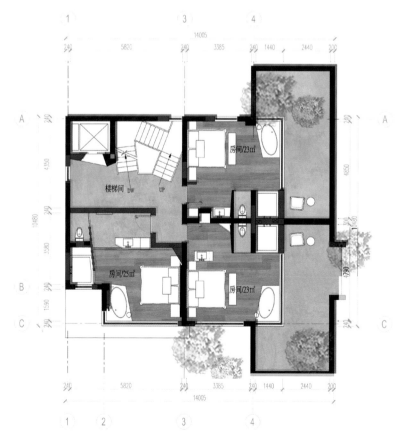

二层平面图 © 杭州时上建筑空间设计事务所

言海民宿共有十二间客房，其中有七间套房和五间 LOFT 亲子房，大海的元素在房间内随处可见，空间与自然和谐共生。

二层的客房配有独立的阳台，穿透海底的光线为设计灵感，分别使用圆形与长条形的造型作为屋檐，最大程度地让阳光洒满空间的每一个角落。

走上三层的客房可以看到不远处的海景，背景墙提取浪花的灵感倾斜在空间中，富有动感。

具有禅意与自然元素的软装设计 © 叶松、瀚默视觉

阳光满屋的客房 © 叶松、瀚默视觉

自然共生的客房 © 叶松、瀚默视觉

客房休闲区 © 叶松、瀚默视觉

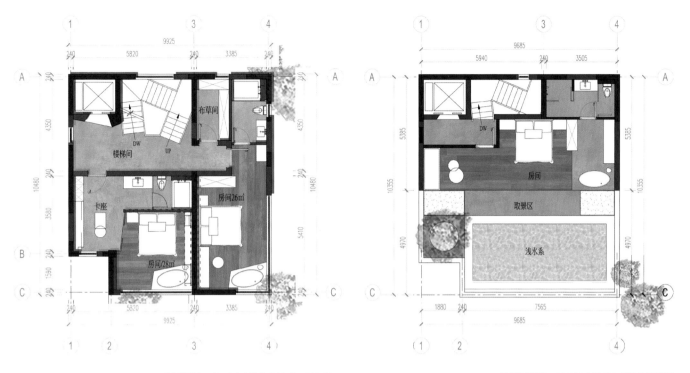

三层平面图 © 杭州时上建筑空间设计事务所　　　　　四层平面图 © 杭州时上建筑空间设计事务所

自由式浴缸与草编挂饰 © 叶松、瀚默视觉

© 夏至

21

水乡生长——新的乡村理想生活社区

◎ 江南半舍民宿

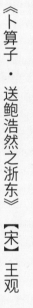

水是眼波横，山是眉峰聚。

欲问行人去那边？眉眼盈盈处。

才始送春归，又送君归去。

若到江南赶上春，千万和春住。

——《卜算子·送鲍浩然之浙东》 【宋】王观

项目名称：江南半舍民宿
设计时间：2019.01—2019.10
建设时间：2019.10—2021.03
项目地点：江苏省昆山市计家墩村
建筑面积：1800 m²
业主：江南半舍
建筑设计：B.L.U.E. 建筑设计事务所
建筑师：青山周平，藤井洋子，杨易欣，曹宇，陈璐（B.L.U.E. 建筑设计事务所）
项目类型：民宿
建筑层数：2 层
结构形式：钢筋混凝土框架结构
室外主要材质：竹钢，白色肌理涂料，白色哑光金属屋面，镀锌钢板
室内主要材质：水磨石，水洗石，木饰面，米白色凹凸肌理涂料
摄影师：夏至

项目背景

在距离上海、苏州车程一个半小时左右的地方，有一个小村庄：计家墩村。这里曾经是一座典型的江南水乡，随着时代发展，村子人口逐渐减少，空心化愈加严重。于是乡镇政府邀请专业团队，对村子进行了再次开发和改造。为了激发村子活力，计家墩村依托原有乡村风光，引入文化创意产业，吸引了一批城市来的"新村民"，形成了一个新的乡村理想生活社区。

而我们此次的项目——江南半舍民宿，就坐落于此。民宿的位置在村子入口处，基地被一条小河三面环绕，不远处便是农田。

设计理念

在项目之初，我们首先思考的是乡村和城市之间关系的新可能。从城市来到乡村的"新村民"，给乡村带来了新的产业和生活方式，增强了乡村和城市间的纽带联系，这也为半舍设计奠定了基调：一半是城市，一半是乡村。

民宿的主人，本身也是村子本地人，在这里长大。在设计交流的时候，民宿主人提出想给自己预留一片私人空间，希望以后可以回归到这里生活：一半是留给自己的私密住宅，一半是与客人共享的开放空间。这样的民宿，更像是一个开放共享的家。

同时，在打造江南半舍的时候，我们希望建筑是一个从传统水乡肌理中生长出来的，与自然更交融的空间：于是在满足功能和使用面积的前提下，我们化整为零，将一个完整的形体拆分成若干小尺度的建筑，通过排列从中建立起新的秩序。错落有序的房子，空间上既独立又相互联系，而建筑间的空隙，让自然得以渗透进室内，模糊内与外的边界。

建筑区位远景图 © 夏至

竹钢作为主要材质的外立面 ◎夏至

空间设计

总体布局上，我们用一个连续的大空间，串联起 10 个独立的"盒子"，形成了建筑的平面。这些盒子有公共功能的餐厅，茶室，也有供客人居住的客房，以及民宿主人的私人生活空间。

竖向上建筑由一个连续的屋面划分为上下两层，而两层的空间有着截然不同的体验。

在建筑的一层，客房及主要功能空间，沿河面错落布置，确保每个房间都有良好的景观面，同时兼具必要的私密性。一个连续的共享空间组织串联起各个功能房间。这个连续共享空间不仅仅是交通走廊，还可作为展览空间，共享客厅，是一个人与人相遇交流的场所。为了与环境更好地融合，将自然引入室内，我们在建筑中设置了两处天井庭院和可以开启的天窗，既满足了室内公共空间采光，更让自然的活力与生趣蔓延进室内。

总体规划图 ◎B.L.U.E. 建筑设计事务所

错落有序的房子 © 夏至

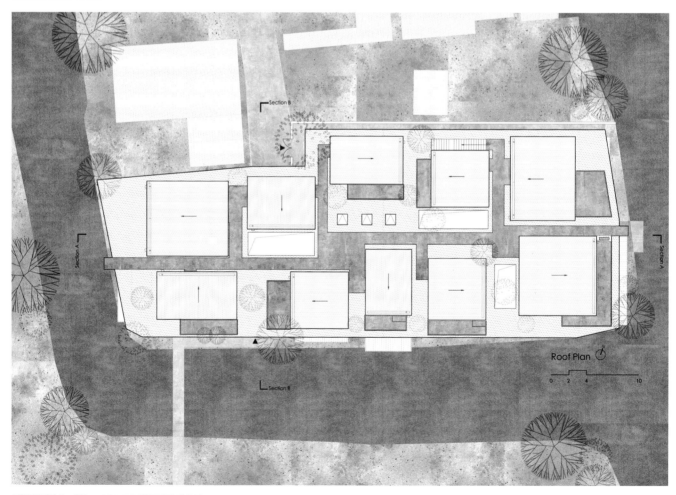

屋顶平面图 Roof Plan ©B.L.U.E. 建筑设计事务所

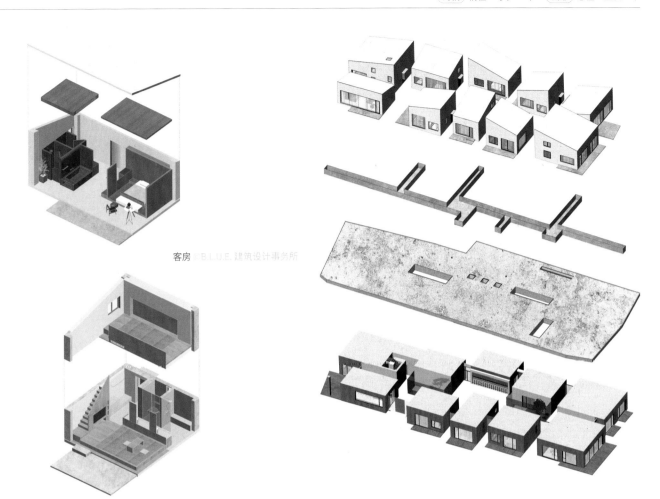

客房 ©B.L.U.E. 建筑设计事务所

阁楼客房结构分解 Loft ©B.L.U.E. 建筑设计事务所

轴侧图解 ©B.L.U.E. 建筑设计事务所

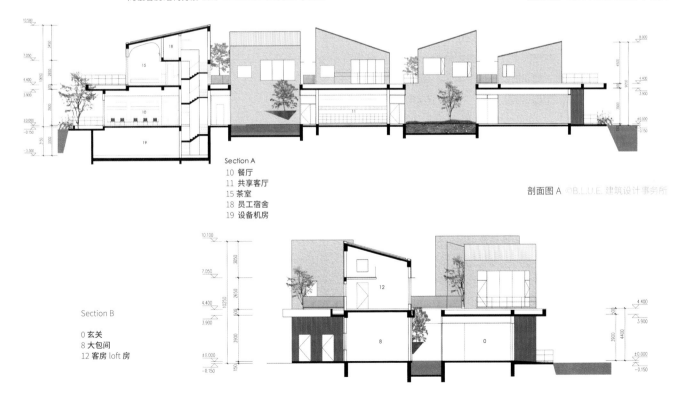

Section A

10 餐厅
11 共享客厅
15 茶室
18 员工宿舍
19 设备机房

剖面图 A ©B.L.U.E. 建筑设计事务所

Section B

0 玄关
8 大包间
12 客房 loft 房

剖面图 B ©B.L.U.E. 建筑设计事务所

2 客房
4 客房盒子房间
7 布草间
12 客房 loft 房间
13 主人房卧室
14 小包间
15 茶室
16 电梯

2nd Floor

0 2 4   10

二层平面图 2F Floor Plan ©B.L.U.E. 建筑设计事务所

建筑二层空间更加开放自然。连续的大屋面将 10 栋房子分割出来，错落有序的盒子远远看去好像是一个漂浮的小小村落。屋面上铺满灰白色石子，一座开放的景观连廊架设于屋面之上串联起相互独立的房间。每个房间都设有可以走出来的露台，将室内的生活延伸到了户外，在空间上二楼的房间是相互独立的，而视线上又有着彼此的联系。如果把石子比作水面，连廊比作桥，每个房子是一个小家，那这里又何尝不是一个抽象的江南水乡。

建筑材质选择

在建筑材质的选择上，也呼应了建筑空间的概念。以连续的大屋面为划分，上下两层采用了不同的材质。

场地三面环水，周边绿植丰富，于是在一层外立面上我们采用了竹钢作为主要材质。竹钢作为自然材料不仅从质感上让建筑与环境更加融合，触感上也更加柔和有温度，给人一种放松且温暖的感受。同时，竹钢的耐候性也能很好地适应水乡的潮湿。

建筑二层的材质则表现得更为纯粹。墙面采用白色带肌理涂料，搭配白色哑光金属屋面，使得每个建筑单体看起来简单而干净。银灰色镀锌钢板走廊表面做了乱纹细节处理，大屋面整体铺设灰白混合大颗粒石子，二层空间整体呈现灰白色调，以绿色植物为点缀，塑造出一种静谧的空间感受。

银灰色镀锌钢板走廊表面做了乱纹细节处理 © 夏至

公共区域茶室：选用榻榻米元素 ◎夏至

木制固定家具，配合植物和活动家具，营造出开放的共享客厅空间 ◎夏至

室内材质选择

建筑室内公共空间部分，整体以白色简约为主：墙面和天花选用米白色肌理涂料，地面是白色的水磨石。这样的空间，可以很好地映衬天井庭院所带来的光线变化。同时，也可以满足公共空间布展的功能需求。在公共空间开放的区域我们还设置了木制固定家具，配合植物和活动家具，营造出开放的共享客厅空间。

建筑室内客房部分，有深色及浅色两种色彩搭配。材质选用上采取相同的逻辑：地面为水磨石，墙面和天花采用带有肌理的涂料。在沙发区域，卧室区域，书桌区域则是选用了触感更加柔和自然的木饰面材料。淋浴卫生间区域，选用了小颗粒石子为底料的水洗石，不仅增加了空间的肌理质感，还起到了很好的防滑的效果。

将树木与建筑相结合，共生融合 ◎夏至

总结

在时代发展的今天，乡村的再次开发带给我们更多新的课题和可能。江南半舍项目，就是带着这样思考的一次尝试。

在江南半舍，可以享受安静闲暇的时光，体会江南水乡风情，可以偶遇半舍主人，一同品茶聊天，或是遇到更多的朋友，围炉夜话把酒言欢。

江南半舍，不仅仅是一家民宿，

更为城市的人们，提供了一个乡村理想生活的新可能。

建筑室内公共空间部分，整体以白色简约为主 © 夏至

Loft Floor

0 2 4   10

17 仓库
18 员工宿舍

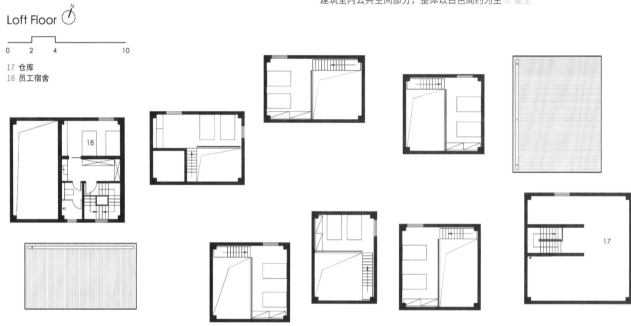

阁楼平面图 ©B.L.U.E. 建筑设计事务所

浅色客房洗手间 © 夏至

具有上下两层功能的客房 ◎ 夏至

淋浴卫生间区域，选用了小颗粒石子为底料的水洗石 ◎ 夏至

每个房间都设有可以走出来的露台，将室内的生活延伸到了户外 ◎ 夏至

客房床头背靠洗手池，达到共享开放的空间 ◎ 夏至

地面为水磨石，墙面和天花采用带有肌理的涂料 ◎ 夏至

233

© 赵奕龙

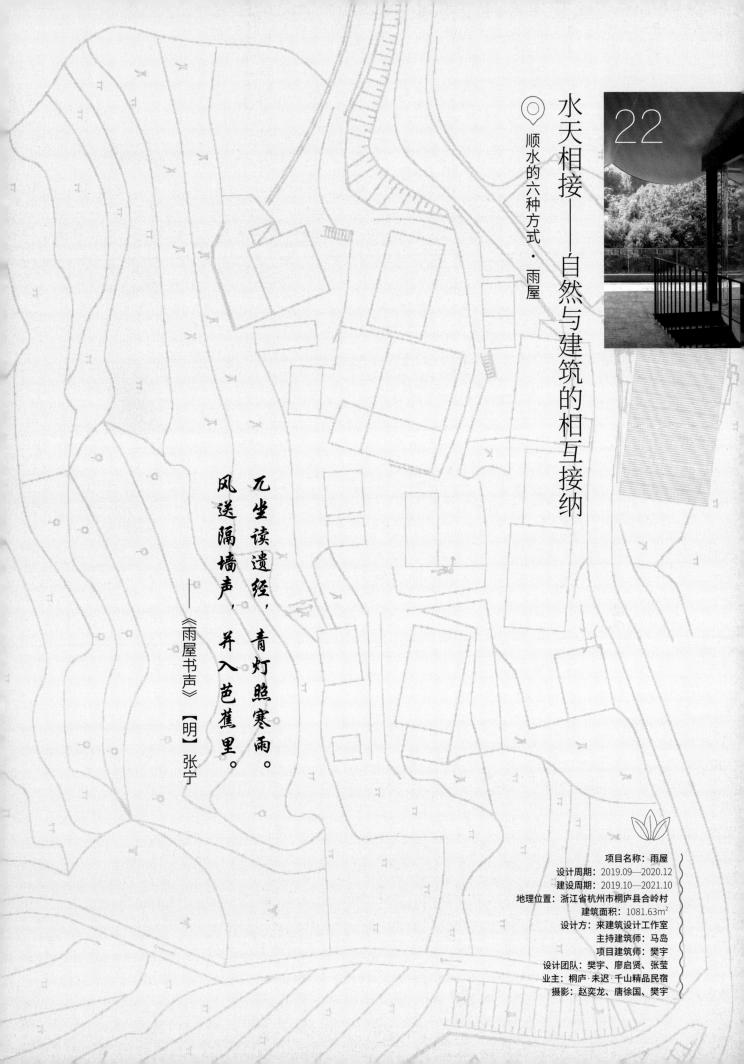

水天相接——自然与建筑的相互接纳

顺水的六种方式·雨屋

22

兀坐读遗经，青灯照寒雨。

风送隔墙声，并入芭蕉里。

——《雨屋书声》【明】张宁

项目名称：雨屋
设计周期：2019.09—2020.12
建设周期：2019.10—2021.10
地理位置：浙江省杭州市桐庐县合岭村
建筑面积：1081.63m²
设计方：来建筑设计工作室
主持建筑师：马岛
项目建筑师：樊宇
设计团队：樊宇、廖启贤、张莹
业主：桐庐·未迟·千山精品民宿
摄影：赵奕龙、唐徐国、樊宇

屋顶是建筑与天空的连接，是空间重要的庇护，也是建筑的核心要素。屋顶的形式逻辑被两个自然要素所左右，重力和雨水。重力作为恒久存在的万物法则，雨水作为时刻变化的自然之物。对重力的抵抗、对雨水的疏导，决定了屋顶的形式演变。随着现代材料和力学的发展，自然要素不再是屋顶形式的主导，建筑显现出一种强大无比的人力结果，变得越来越像机器，形体的几何纯粹性和形式的手工操作感（切割、扭转……）展现着现代人的野心。我们对于建筑的哲思并非如此，建筑不是对自然驱赶，而是天人合一的互相接纳：对自然的狂野进行顺导，对自然的生机尽心呵护。

雨，是因重力落下的水。水，既无形又有形，既柔软又强力。容器可以刻画水的形状，重力可以推动水的力量。水的顺导是对重力动态的刻画，容器般的建筑则是对重力静态的塑造。一静一动，被牛顿精简成公式的万有引力，因建筑能够呈现出多种推演的证明。

雨屋位于远离城市的半山之中，周围被竹林和农田环绕。两座分开的村宅用一片大屋顶覆盖。屋顶被圆柱撑起，雨水被以多种方式和路径导向地面，形成一种无形和有形的对仗。于此，我们称之为顺水六式：

建筑落地窗实景 © 唐徐国

室外公共休息区 © 唐徐国

总平面图 宋建筑设计工作室

建筑俯视鸟瞰图 赵奕龙

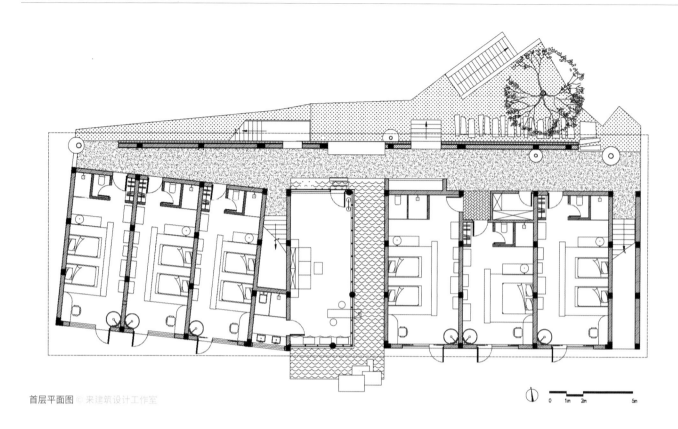

首层平面图 © 来建筑设计工作室

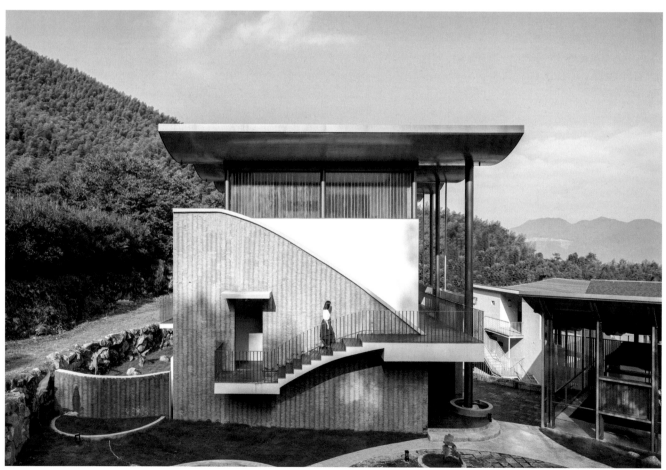

雨屋室外，水沿屋檐散落 © 唐徐国

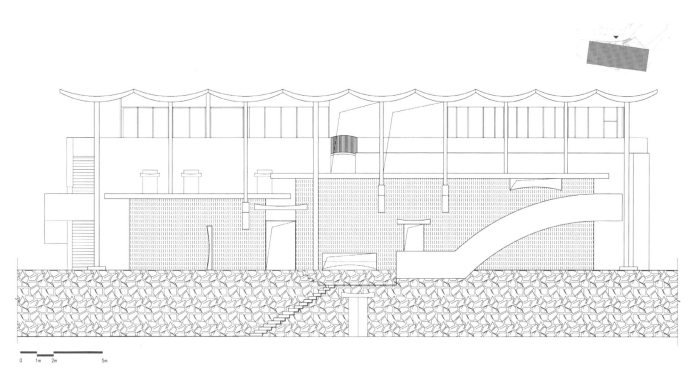

立面图 © 来建筑设计工作室

雨屋 © 樊宇

01. 举水

将屋顶高高举起，或从地面挺立或从墙边承托，水波形连续的屋顶是导水的容器，将原本均匀落下的雨滴汇聚成线性的水路。

02. 川水

水路沿竖直方向奔涌而下，形成最有力量的疏导。"水滴石穿"是描述水力的古老词汇。而在设计中则是让水路向下洞穿混凝土板，让水之力得以显形。

03. 引水

反曲形水渠，渠之形即为水之形，渠之向引水而去。

04. 散水

将水从半层屋顶直接沿屋檐散落，跌入水塘之中，这种最质朴的落水方式是自由释放的水的原始形态。

05. 踏水

在建筑二层，路径必经之处，要穿过一处水塘，水塘中圆形的汀步需要量好步伐跨越而过，如同雨天在野地里避开水坑地踏水而行。

水路向下洞穿混凝土板 © 赵奕龙

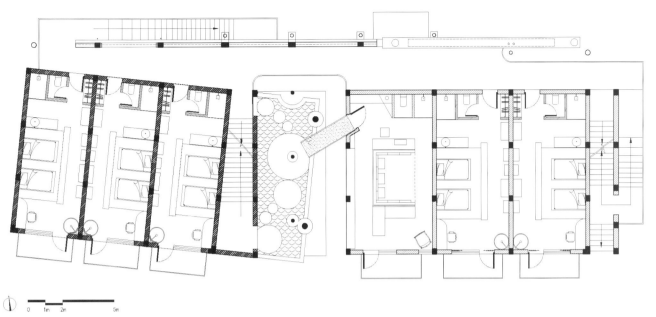

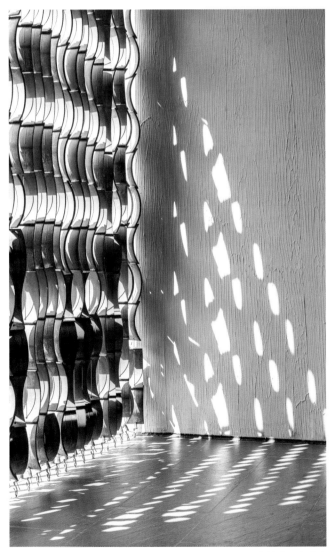

雨屋室外 © 赵奕龙

线性的水路 © 赵奕龙

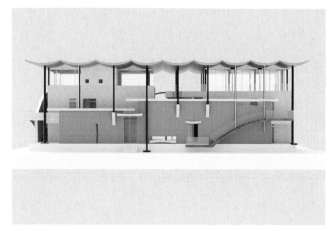

建筑模型 1 © 来建筑设计工作室

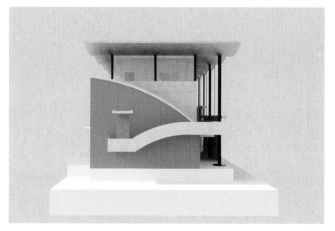

建筑模型 2 © 来建筑设计工作室

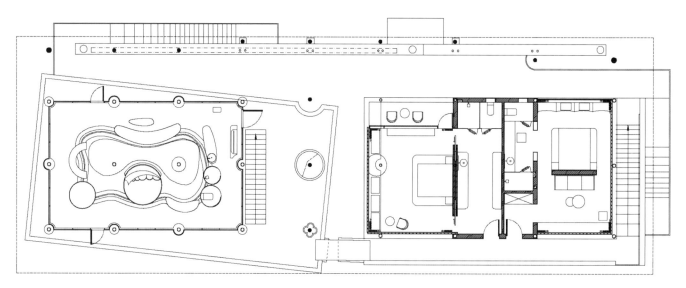

三层平面图 © 来建筑设计工作室

雨屋卧室 A：招待休息区软装采用较为活泼的橘色 © 唐徐国

06. 跨水

桥是富有诗意的人造物，连接和跨越：越涧，越塘，越层，是空间之间，身体层面的线性连接。在雨屋的顶层，有一间四面通透的大山亭，在屋中，将远山和身体联结。在檐下，于心中，留一片山水。

2016 年设计的"川房"，将金属落水管坦白地表露在建筑外立面，来形成"川流而下"的关于水的隐喻，是第一次试图探讨重力与雨水的显性表达。"雨屋"则是对于重力和雨水的进一步探讨，不只是形式的"显露"，更是在践行一种对于自然的精心干预："欲取之，先集之；欲驯之，先顺之。"

亭房室内浴室：大理石地面铺装与橘色背景墙的活泼搭配 © 唐徐国

雨屋卧室 C：将圆形大床设计在山峦中，拥抱舒适睡眠 © 唐徐国

© 苏圣亮

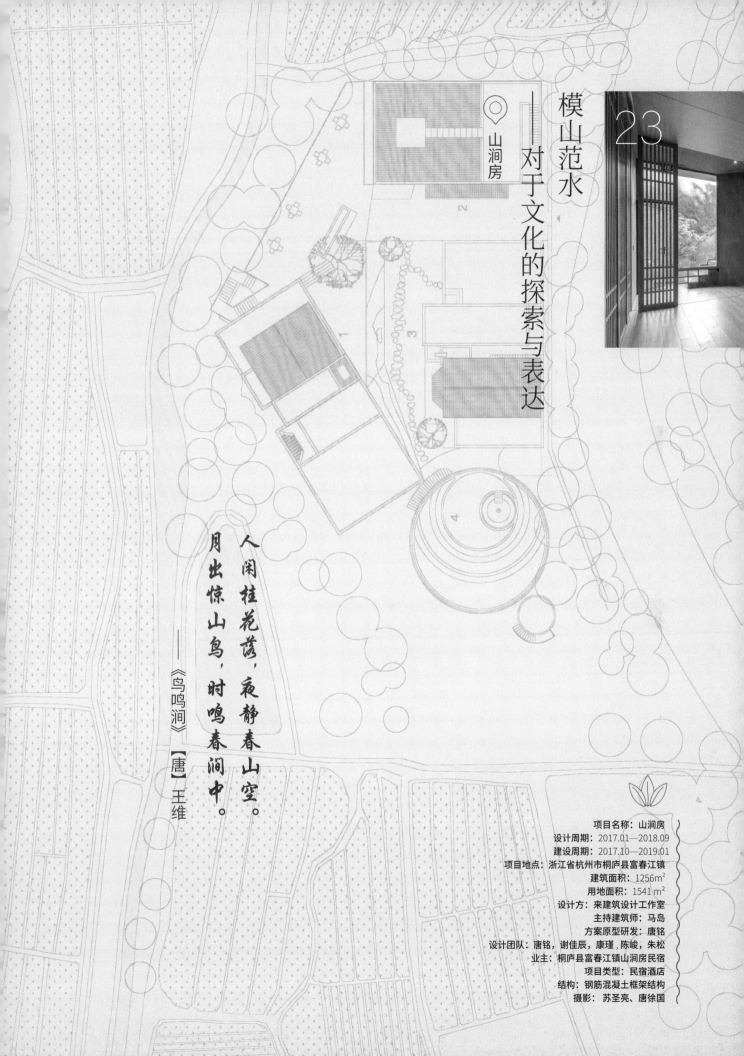

模山范水——对于文化的探索与表达

山涧房

23

人闲桂花落，夜静春山空。
月出惊山鸟，时鸣春涧中。

——《鸟鸣涧》【唐】王维

项目名称：山涧房
设计周期：2017.01—2018.09
建设周期：2017.10—2019.01
项目地点：浙江省杭州市桐庐县富春江镇
建筑面积：1256m²
用地面积：1541 m²
设计方：来建筑设计工作室
主持建筑师：马岛
方案原型研发：唐铭
设计团队：唐铭，谢佳辰，康瑾，陈峻，朱松
业主：桐庐县富春江镇山涧房民宿
项目类型：民宿酒店
结构：钢筋混凝土框架结构
摄影：苏圣亮、唐徐国

形式是建筑学最重要的内容之一，也是建筑师表达设计理念的最直接的建筑学载体。建筑形式生成的驱动力，由诸多因素共同决定。在建造技术革新缓慢的当下，对于文化的探索和表达，是近几年来国家战略中迈向文化自信的重要探索。

模山范水

在中国古代，文人对于理想世界的想象一直是通过多种艺术手段进行连续的刻画和探索，从文学到山水画再到园林，从文字到图像再到建筑空间。人与自然的关系，是中国传统哲学中比重极大的观念。这些观念的影响之大，一直潜藏在我们的血液之中，以至于我们对山、石、林、泉有着西方文化不曾具备的与生俱来的感受力和鉴别力。

于是，"模山范水"是传统艺术创作的基本手法。2015 年建成的"深深·深宅"是我第一次意识到这种观念的潜藏。2016 年，我在某高校带毕业设计时，便带领学生做了这样一个"模山范水"的设计研究。模范的图像原型便是山水画——这个被艺术精炼过的理想世界。建筑师的作为则是将原自然之物的形式规律反馈并应用到实际的物理实体当中。

庭院绿地局部 © 唐铭

建筑 C 立面全景 © 苏圣亮

总平面图 © 来建筑设计工作室

沿街边看建筑细节 © 唐徐国

《东山丝竹图》要素的提取 © 唐铭

瓦片局部 © 廖启贤

瓦与石的故事 © 廖启贤

庭院实景 © 苏圣亮

　　在这个研究当中，我们将一幅传统山水画进行了要素的提取，然后转译成适应当下建造体系的建筑实体，再按照山水画中的空间结构关系进行要素的组合，形成一幅现代建造体系下的建筑形式复现。

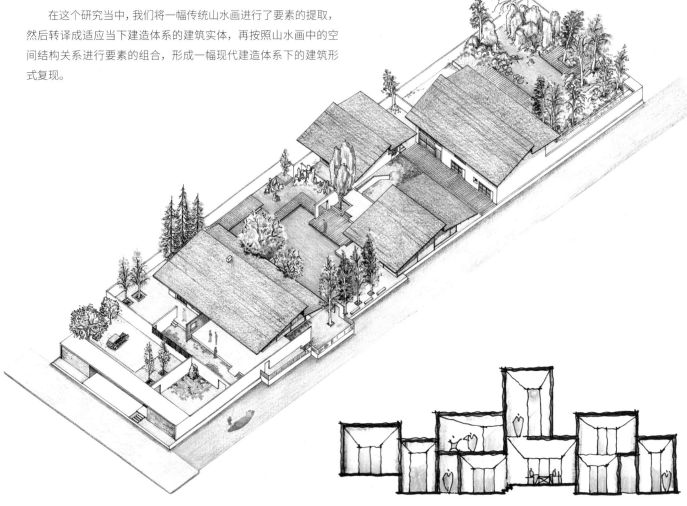

深深·深宅 © 来建筑　　　　　　　　　　　　　　洞房草图 © 唐铭

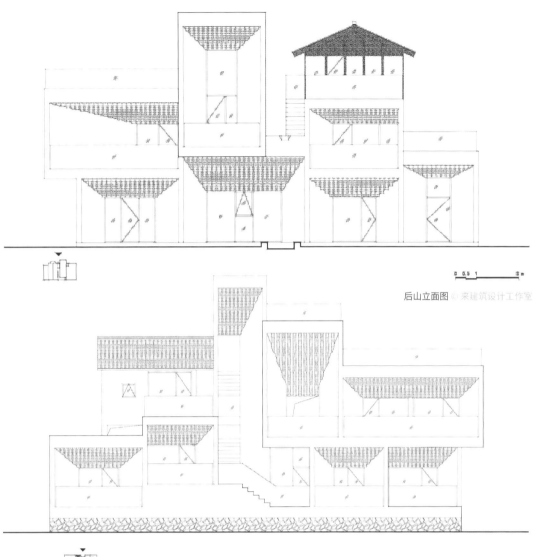

后山立面图 ◎ 来建筑设计工作室

前山立面图 ◎ 来建筑设计工作室

庭院实景，傍晚时建筑立面的光与影 ◎ 唐徐国

室内雅集 © 苏圣亮

山涧房

　　2018 年，终于有机会将这个原型研究的一部分进行了实际的建造，便是山涧房。基地位于浙江省桐庐县一个山涧之谷中，背靠山坡，面向一条溪涧。在整个山涧房的构思过程中，除了如何"拟山"这个形式问题之外，建筑形式承载了什么样子的意义空间是思考的重点。在一个类似于山体的非规则形态中，如何组织空间，功能和流线并非重点，而是建筑"拟山"，人居于"洞"中的场景塑造是研究的基本构想。混凝土框架结构是最适合在地营造的建造体系，以至于形成高低错落的体量关系，是原型研究中的逻辑和结果。

三远之意

　　在实际项目的落地过程中，由具体的使用需求，场地中形成了三栋建筑单体，同时也是三个不同姿态的"山"。因场地红线的限制，呈三角形布局。前山平缓，横向舒展。后山高耸，扑面而来。侧山则卧于一侧。角落一圆形"月塘"，成为实际功能中的泳池。自河对岸远望，前山后山形成"深远"之势，自内庭仰看后山，如"高远"而望，气势突兀，山势逼人。对山而望，三个人造山同背后自然远山层峦叠嶂，以崇山复岭，密树深溪的景象形成"平远"之意。山涧之间，遥望一间木屋，屋下仿佛有瀑布跌入溪涧，是画意中点睛之笔。

建筑外楼梯转角局部 © 苏圣亮

沉稳大气的客房 B 设计，将大理石、水泥、木艺等元
素植入空间 © 苏圣亮

室内餐厅 © 苏圣亮

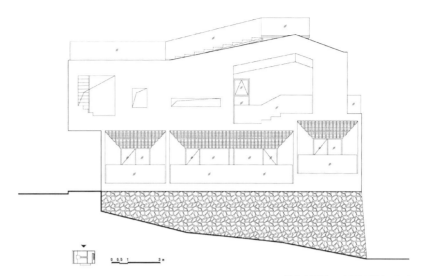

侧山立面图 © 来建筑设计工作室

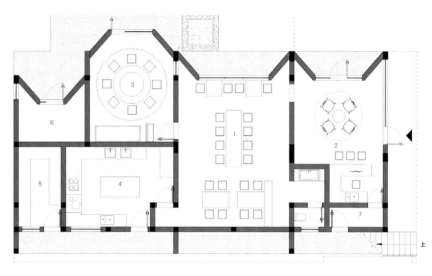

1 餐厅
2 接待
3 包厢
4 厨房
5 布草
6 值班
7 储藏

后山首层平面图 © 来建筑设计工作室

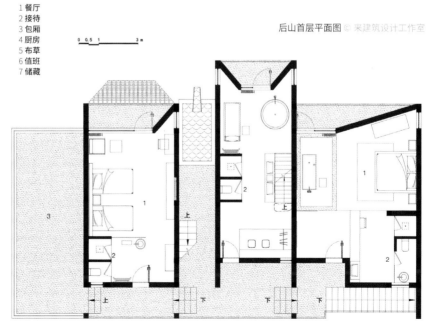

1 客房
2 卫生间
3 露台

后山二层平面图 © 来建筑设计工作室

客房 A 木材与裸露水泥相结合，云朵造型为室内带来灵动感 © 唐徐国

延续建筑风格，将木材与瓦片作为室内设计元素 © 唐徐国

居于洞穴

　　山可游而洞可居，山形构成之后，山之空处是安放身体的庇护空间。意为"居于洞穴"，洞穴之中，用瓦片来产生居所的暗示。为了让此意变得妙趣，在侧山的雅集之处将瓦片内外反置，将树影投于吊顶，产生一种内外置换的布景。恍惚中，内与外身不知何处。

尾声

　　山涧房已然建成数年，对于自然之物本身的模拟和转译是建筑师形式操作的最直接表现，但同时不免过于形式主义，除了单纯的形式表现，建筑需要承载更加丰厚的艺术修养，才是内秀的建筑艺术。克制的形式，肆意的情绪是更加充沛的建筑表现。但至少，从形式出发，是建筑师的起点。

客房 A，大床设计在二层挑高处

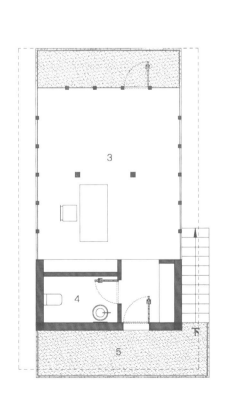

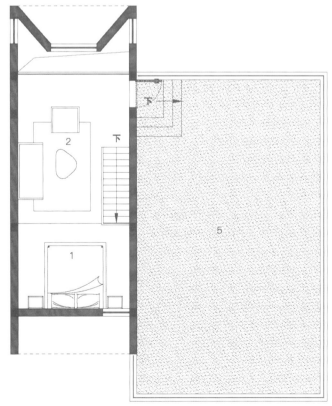

1 客房
2 起居室
3 多功能区
4 卫生间
5 露台

后山三层平面图

24 圣泉源居——环境的文化遗产

📍 202 村 · 民宿

忽逢桃花林，夹岸数百步，中无杂树，芳草鲜美，落英缤纷。渔人甚异之，复前行，欲穷其林。林尽水源，便得一山，山有小口，仿佛若有光

——《桃花源记》【魏晋】陶渊明

项目名称：202 村 · 民宿
完成年份：2021
项目地区：湖南省保靖县
建筑面积：2570 m²
设计：林君翰和香港大学
本地建筑师：行村建筑设计事务所（张清源和关慧龙）
摄影师：John Lin and Olivier Ottevaere

202 村 民宿建于一个当代温泉水疗和别墅区中，它结合了传统工艺和实验技术，以及研究与设计的建筑策略，将现代与传统生活融为一体。该选址的历史可以追溯到公元 202 年，位于一座山谷中，直到最近几年才可以乘船进入。由于该地区竹林十分常见，竹工艺品和篮子编织的丰富传统成为了该地区文化遗产的一部分。

这座建筑位于陡峭的山谷中，下方有河流。远看，建筑本体好似一系列由木材和混凝土制成的山峰和山谷。从屋顶进入接待中心后，便能够看到历史悠久的河谷，其周围是起伏的屋顶，由竹子和织物模铸造成。该建筑的结构一半是当地的传统木结构，另一半是低成本混凝土构造，是一种不寻常的组合。竹子的自然特质变得显而易见，柔软的织物和竹竿的不规则性结合，创造出一种动感的混凝土"窗帘"，让人联想到附近的竹林。

通过别墅的布局及框景的手法，山谷的风景在不同的距离展现在众人面前。该民宿由 7 栋别墅组成，每栋别墅的设计都是对传统侗族木结构的进一步研究和发展。该设计保留了原来的传统框架结构，同时结合了一组创新的平面图。由于山区的地形限制，能提供的建筑空间数量有限。因此，每栋别墅都拥有独特和私人的风景，同时结合了单个和多个家庭单元的变化。在每间卧室内都能够感觉到，仿佛这片风景只因你而存在。

此外，该民宿的水疗中心是为了对竹竿和织物模板进行进一步试验而建造的。通过向其中一个混凝土壳体填充水，使施工技术的坚固性更进一步。这种技术形成了在倾斜的地形下的悬臂式海滩游泳池，而在其波纹状天花板下方，则创造了一个安静而隐蔽的沐浴和放松空间。

具有特色的酒店主体建筑外观 © John Lin and Olivier Ottevaere

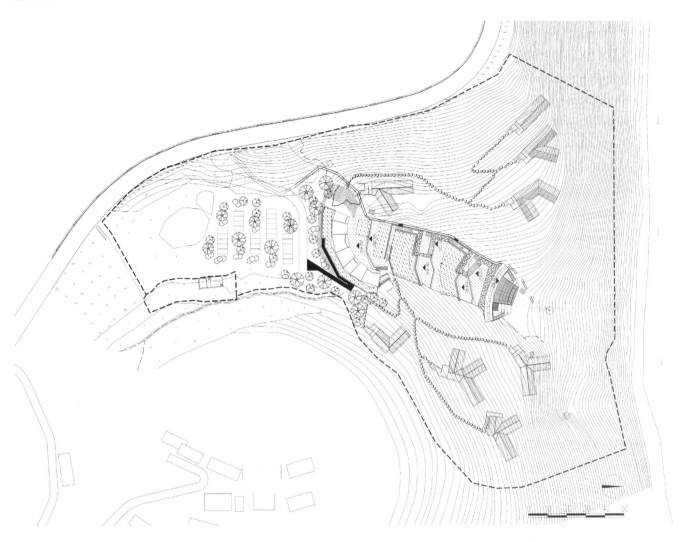

区位平面图 © 林君翰、Olivier Ottevaere

实景鸟瞰 © John Lin and Olivier Ottevaere

　　202 村 民宿是一次独特的知识交流合作项目。在香港大学的 John Lin（林君翰）和 Olivier Ottevaere 与当地合伙人建筑师邢村（张本和光辉龙）的带领下，该项目涉及了一系列的实验性建筑。双方曾经合作建造过三个木凉亭：Pinch（捏），Sweep（扫）and Warp（扭曲），而这次的项目是之前实验的结果。这些震后修复项目的重点是通过利用线性几何形状来适应特定地点的实际情况，以振兴木材建筑。

　　这次项目中，林先生和 Ottevaere 先生探索了一个崭新的设计方向——如何运用织物和竹竿的几何线性造成混凝土壳的基础模板。受到竹林和竹筐编织工艺的启发，他们有意识地努力弥合手工艺与建筑之间的鸿沟，以发展和改变这些重要的传统。竹竿用于说明一系列旋转直线，描述了每个壳体的特定双曲线几何形状。为了弥补每根杆之间留下的不规则间隙，他们决定拉长一大片布料来覆盖竹顶。竹子与织物：一种硬，一种软，两种材料展现出了一种新颖的模板技术。该技术使模板可重复利用，并响应了混凝土的独特性能，例如液体压力。铸造时，竹竿的波纹会在混凝土壳下浮现。模板材料和液态混凝土互相的作用力赋予了材料最终的形态。

坐落在密林中的场地正面鸟瞰 © John Lin and Olivier Ottevaere

室外泳池鸟瞰实景 © John Lin and Olivier Ottevaere

这种经济高效的建筑技术简单且灵活，可以轻松地教会当地的外行者。需要运用的材料不仅便宜且容易获得，同时还可以灵活地适应各种形状和形态。根据当地需要，无论柱到墙，还是梁到屋顶，都可以利用此施工技术来实现。通过运用当地材料和技术，该项目探讨了在这种特定情况下固有的可能性，并重申通过与多种建筑传统的紧密联系，可以使建筑理想更上一层楼。

酒店木材材料屋顶和客房建筑 © John Lin and Olivier Ottevaere

悬臂式海滩游泳池 © John Lin and Olivier Ottevaere

竹竿用于说明一系列旋转直线 © John Lin and Olivier Ottevaere

各房间平面图 © 林君翰、Olivier Ottevaere

混凝土和木制屋顶施工 © John Lin and Olivier Ottevaere

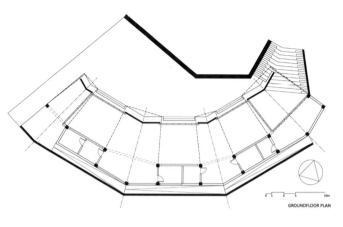

首层平面图 © 林君翰、Olivier Ottevaere

施工中布料覆盖竹顶 © John Lin and Olivier Ottevaere

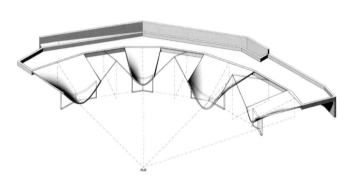

结构几何 © 林君翰、Olivier Ottevaere

酒店主体建筑立面实景图，最低点给人以亲近感 © John Lin and Olivier Ottevaere

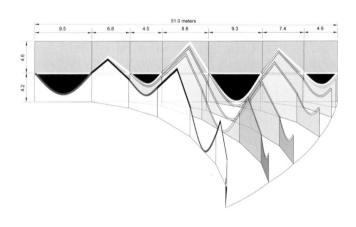

展开高度标注 © 林君翰、Olivier Ottevaere

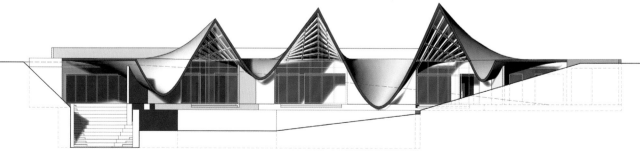

建筑正立面图 © 林君翰、Olivier Ottevaere

室内屋顶将混凝土与木艺相结合，传统与现代的碰撞 © John Lin and Olivier Ottevaere

室内接待中心前台，运用混凝土与藤编元素 © John Lin and Olivier Ottevaere

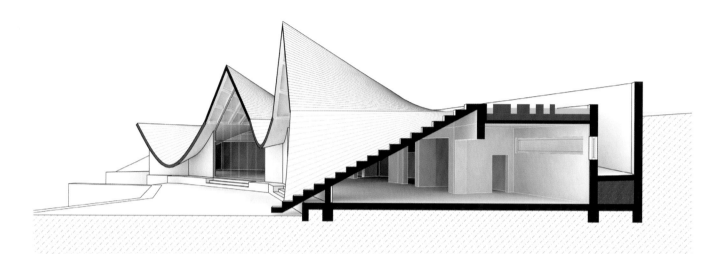

通过混凝土外壳的横截面 © 林君翰、Olivier Ottevaere

客房，保留建筑高举架木梁结构，具有简约温暖的居住空间 © John Lin and Olivier Ottevaere

具有传统特色的客房 spa 区 © John Lin and Olivier Ottevaere

室内砖墙和木结构 © John Lin and Olivier Ottevaere

室内复杂又不失美观的木结构 © John Lin and Olivier Ottevaere

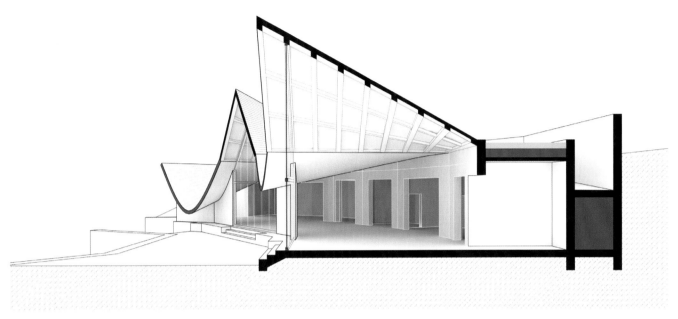

通过木屋顶的横截面 © 林君翰、Olivier Ottevaere

建筑一角的框景 © John Lin and Olivier Ottevaere

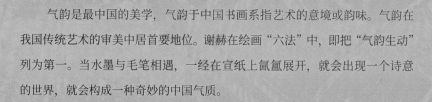

凝香幽远的气韵之美

第五章

实践

气韵是最中国的美学，气韵于中国书画系指艺术的意境或韵味。气韵在我国传统艺术的审美中居首要地位。谢赫在绘画"六法"中，即把"气韵生动"列为第一。当水墨与毛笔相遇，一经在宣纸上氤氲展开，就会出现一个诗意的世界，就会构成一种奇妙的中国气质。

"气"，是指自然宇宙生生不息的生命力；"韵"，指事物所具有的某种情态。"韵"的概念在传统艺术中更侧重于富有内涵的审美判断。多与音乐、书法、绘画、器物和园林建筑等几乎所有古代艺术门类或准门类相关。"韵"的核心是节奏及其变化，由听觉而延伸于视觉，它源于自然而由自然延展开去，是人化而非人为之造作，从而获得经典的品格。在这个意义上说，"韵"是雅化了的自然之气。

"只在此山中，云深不知处。"从环境中品味"气韵"，是人在周围环境中融天地为一体的天人合一体验。

在《花间梦事——展示花艺之所：花舍山间》项目中，诗情：情在"山间"中，画意：意在"花舍"中。

花舍山间位于北京怀柔九渡河镇石湖峪村，该村落位于著名的水长城景区脚下，周边山脉绵延，风景十分秀丽。基地为一处典型的北方院落，北侧为有着百年历史的住宅建筑，南侧为方形的院子，基地东侧和南侧视野开阔，远眺绵延的山脉，能看到蜿蜒的长城。老房子为木结构承重、砖石围护的建筑，曾经作为一部乡村爱情故事电视剧的取景地，出现电视荧幕中。如今，这栋院落早已无人居住，变得凋敝不堪。民宿主人是一对音乐制作人和工程师兼花艺师的80后夫妻，尤其男主人在童年时期曾在村庄里度过，他对这里的一草一木有着特殊的感情。他们希望将他们所擅长的花艺活动在此处展现，将这里打造成一处兼具民宿和社交功能的院落。

整个改造围绕着建筑和自然的关联展开。一方面，采用木结构加建，因木材是一种自然的材料，而且老房子本来就是木结构承重的。另一方面，想让自然更好地渗透到建筑内部，加建部分采用了大面积的玻璃，形成了若干取景框，让内部呈现更开阔的视野，建筑和自然能更好地对话。透过玻璃，这里有着最美的山间景色，四季变换着不同的色彩。透过窗纱，远山如黛，阳光洒在茶室的玻璃上，耀眼而明艳。坐在窗边，沏一壶茶，听风、看云、望长城、看星空，等云团被染成一簇一簇的金色。院子里还保存了原有的几棵柿子树，每到深秋时节，柿子树会结出红彤彤的小柿子，如同一个个小灯笼。业主在院子里精心种植的鲜花，让这里成为一处近看花团锦簇、远看长城逶迤的特色民宿院落。

在《五感觉醒——谱写山谷间的红色交响：未迟·宿云涧》项目中，诗情：情在"涧"中，画意：意在"云"中。

钱钟书先生曾讲到"颜色似乎会有温度，声音似乎会有形象，冷暖似乎会有重量，气味似乎会有锋芒，'红杏'爱'闹'，'燕语'如'剪'，'莺歌'似'圆'。"设计中利用场所的秩序关系，将入口放置于山脚的树林，林中步道拾级而上，路径序列在叙事中展开，参与者似乎经历了某种洗礼仪式，从单一的感知中释放出来，丰富了体验维度，倾听着这座红色房子的低声吟唱，安抚了来自尘世间，风尘仆仆的心境。雨水作为神性的隐喻符号，神的时间没有过去和将来，只有现在。雨水以温润的方式流淌过重叠的"建筑之山"，是形与物的缠绵，也是表象与体验的纠葛。设计师在整个设计中，以极致的克制，将人为阐述的存在感降为最低，使得建筑的意义就在体验本身，体验则更是空间的构成。

25

花间梦事——展示花艺之所

花舍山间

缓步春山春日长，
流莺不语燕飞忙。
桃花落处无人见，
濯手惟闻涧水香。

——《暮春山间》 【宋】黄公度

项目名称：花舍山间
完成年份：2018
项目地址：北京市怀柔区九渡河镇石湖峪村 10 号
建筑面积：158 m²
客户：北京花舍山间民俗旅店
建筑公司：原榀建筑事务所 |UPA
结构顾问：杨鹏
设备：王若辰、张涛
产品：樟子松，双层中空玻璃，铝镁锰合金屋面
主持建筑师：周超
设计团队：邓可超、张航、覃思源
摄影：直译建筑摄影 / 何炼

场地与环境

花舍山间位于北京怀柔九渡河镇石湖峪村，该村落位于著名的水长城景区脚下，周边山脉绵延，风景十分秀丽。基地为一处典型的北方院落，北侧为有着百年历史的住宅建筑，南侧为方形的院子，基地东侧和南侧视野开阔，远眺绵延的山脉，且能看到蜿蜒的长城。

老房子为木结构承重、砖石围护的建筑，曾经作为一部乡村爱情故事电视剧的取景地，出现电视荧幕中。如今，这栋院落早已无人居住，变得凋敝不堪。民宿主人是一对音乐制作人和工程师兼花艺师的 80 后夫妻，尤其男主人在童年时期曾在村庄里度过，他对这里的一草一木有着特殊的感情。他们希望将他们所擅长的花艺活动在此处展现，将这里打造成一处兼具民宿和社交功能的院落。

西侧建筑入户门 © 直译建筑摄影何炼

俯瞰庭院实景图 © 直译建筑摄影何炼

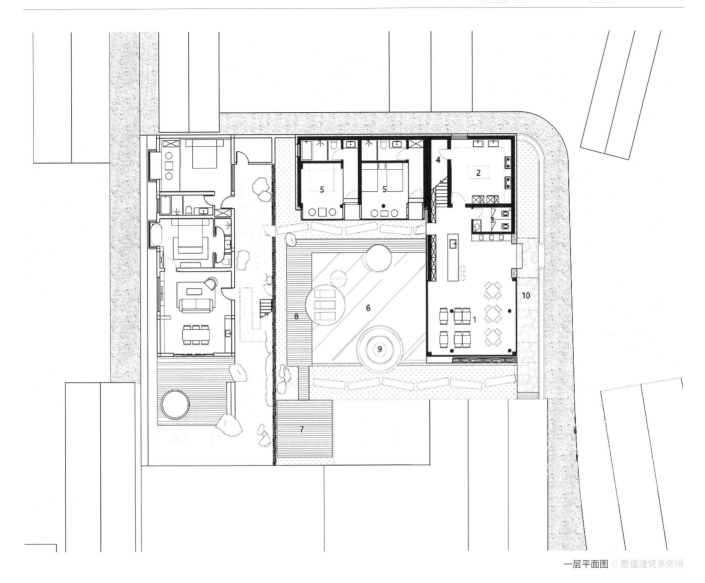

一层平面图 © 原榀建筑事务所

新旧并置

原有的房屋由一栋五开间的主体建筑和一栋两开间的附属建筑组成。房屋的进深很小，约 4.2m，空间非常紧张。原有建筑显然无法满足新的功能要求，需要对其进行适当的加建。我们在东南角扩建木结构的多功能厅，贴紧原附属建筑，让附属建筑和木结构的一层内部连通，二者连成一体形成了厨房和餐厅空间。木结构的二层为茶室和观景露台，可将远处的长城景观纳入视野。

同时，将原主体建筑改造为三间客房，每个房间加建一个观景盒。这三处观景盒尺寸各不相同，让室内空间尽可能向外延展。三个观景盒的内部采用钢结构，外部使用松木板包裹，让它们漂浮在地面上。轻型建造的方式，在新和旧、重和轻的强烈对比下，老房子重新获得了新的生命。

南面庭院实景图 © 直译建筑摄影何炼

建筑客房实景图 © 直译建筑摄影何炼

室内远望景观视角 © 直译建筑摄影何炼

建造策略

老房子的改造策略为保留原有木结构，更新部分外界面。我们将东西两侧、北侧的石头墙体完全保留，而将南面的外墙全部改造，并合理地组织了出入口、窗户和观景盒。拆除了原有破败的屋顶，增加了保温层和防水层，增加了可以看星空的天窗，并将原有的小青瓦回收再利用。

老房子代表着历史和记忆，如何让新建部分对老房子的影响降至最小，是我们从设计一开始就思考的问题。最终，我们继续沿用了轻型建造的方式，这是我们多年以来一直研究和实践的方向。加建部分采用原木结构，用金属件和螺栓连接，在较短的时间内即可装配完成。二层的木结构局部后退，保留了南侧院墙处的一棵枣树，既减少对庭院的压迫感，也形成了一处位置极佳的观景露台。在尊重历史与当代机能的巧妙改造下，既保留了老房子的迷人特质，又让"家"的感觉仍然在此驻留。

庭院景观一隅 © 直译建筑摄影何炼

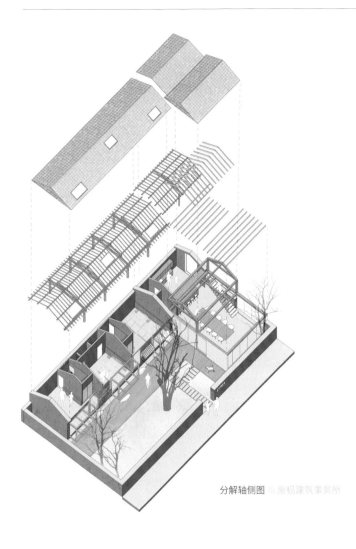

分解轴侧图 © 原榀建筑事务所

室内造景与摇椅 © 直译建筑摄影何炼

建筑和自然

　　整个改造围绕着建筑和自然的关联展开。一方面，采用木结构加建，因木材是一种自然的材料，而且老房子本来就是木结构承重的。另一方面，我们想让自然更好地渗透到建筑内部，加建部分采用了大面积的玻璃，形成了若干取景框，让内部呈现更开阔的视野，建筑和自然能更好地对话。透过玻璃，这里有着最美的山间景色，四季变换着不同的色彩。透过窗纱，远山如黛，阳光洒在茶室的玻璃上，耀眼而明艳。坐在窗边，沏一壶茶，听风、看云、望长城、看星空，等云团被染成一簇一簇的金色。院子里还保存了原有的几棵柿子树，每到深秋时节，柿子树会结出红彤彤的小柿子，如同一个个小灯笼。业主在院子里精心种植的鲜花，让这里成为一处近看花团锦簇、远看长城逶迤的特色民宿院落。

室外栏杆远眺处 © 直译建筑摄影何炼

一层客房全景图 © 直译建筑摄影何炼

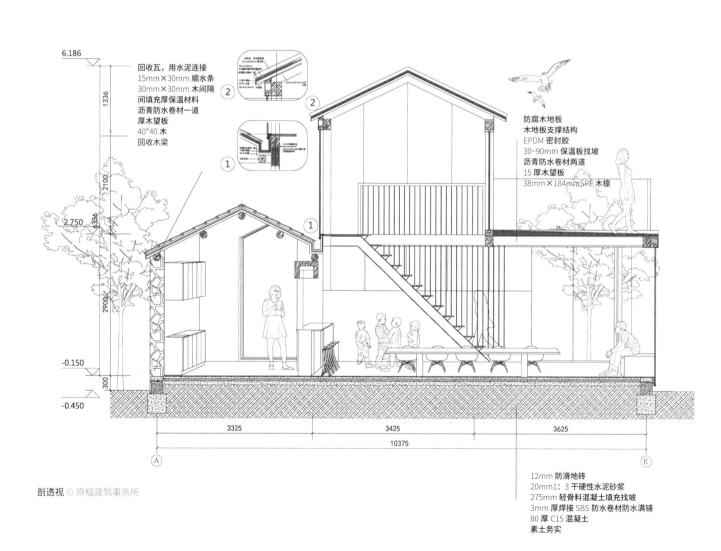

回收瓦，用水泥连接
15mm×30mm 顺水条
30mm×30mm 木间隔
间填充厚保温材料
沥青防水卷材一道
厚木望板
40*40 木
回收木梁

防腐木地板
木地板支撑结构
EPDM 密封胶
30~90mm 保温板找坡
沥青防水卷材两道
15 厚木望板
38mm×184mmSPF 木檩

12mm 防滑地砖
20mm1：3 干硬性水泥砂浆
275mm 轻骨料混凝土填充找坡
3mm 厚焊接 SBS 防水卷材防水满铺
80 厚 C15 混凝土
素土务实

剖透视 © 原榀建筑事务所

客房实景图 © 直译建筑摄影何炼

一层厨房与餐厅 © 原榀建筑事务所

© 金伟琦

26

光之影随——居者融于自然，阳光重塑空间

『影』院民宿

众芳摇落独暄妍，
占尽风情向小园。
疏影横斜水清浅，
暗香浮动月黄昏。

——《山园小梅》【宋】林逋

项目名称："影"院民宿
项目设计 & 完工时间：2021.09—2022.03
项目地址：北京市通州区唐大庄村
合影小院：建筑面积 171m²
红影小院：建筑面积 114m²
设计公司：DK 大可建筑设计
设计团队：杨玺琛 王域沣 王学艺 刘思源
施工公司：唐山悦富装饰工程有限公司
摄影版权：金伟琦

总平面图 ©DK 大可建筑设计

项目位于北京市通州区台湖镇唐大庄村内，环球影城的开放是项目地块重获新生的先决条件。委托方在该村选址相近的两处老房子加以改造运营。因两所房子同属一个甲方，设计与施工同时间进行，在此将按照一个项目介绍。我们受到委托后希望此次项目能够创造出朴素简约的空间而非简单堆砌的空间样式。疫情的肆虐也让我们重新考虑设计在大环境下应当以什么样的方式呈现并且会对生活产生更加积极的意义。

项目本身属于改造范畴因而不涉及场地本身的复杂性，我们的目的是将委托方的经营功能需求与设计空间进行最大化的衔接。合影小院位于村落东南部，项目基础为三间坐北朝南的正房与 15m×10m 的大院，但是作为民宿项目缺少厨房、餐厅、儿童活动等基础公共空间，且三间主卧规模较小。委托方期望在此可以满足一个大家庭及亲朋好友的使用，同时又能满足互不认识保证其私密性的不同租户使用。

限制条件则成为了我们本案的设计出发点，让居者融于自然，让阳光重塑空间成为设计的核心。沿街建筑外立面以白色雕塑般的几何造型进行整合，与乡村肌理形成鲜明的对比，入口处隔栅的设计取代了大面玻璃确保建筑的隐私。我们复原被拆除的南倒座作为公共空间，保留 5m×10m 的公共院落作为开放空间与私密空间的衔接，院落中布置泳池、沙坑及滑梯满足儿童户外空间的需求。公共区内设置了一个种植树木的玻璃天井，其顶部是自然光的进口。设计限定了自然光的形态，自然光动态的特性则赋予了空间形态的变化。

空间设计中我们通过各个局部设计串联起整体的空间秩序，各个局部之间的联系共同组合成空间存在的价值。创造出一个积极的场所空间是我们立足当下的责任。红影小院位于合影小院正东 20m，基于同样的逻辑和认知目标进行设计。原址为房

合影小院夜景竖向格栅保证了建筑的私密性 © 金伟琦

红影小院入口处，红色门头更具引导性 © 金伟琦

合影小院从二层平台看向院落，光从栅栏穿过，形成有节奏的影 © 金伟琦

合影小院公共区域铺设大理石地面 © 金伟琦

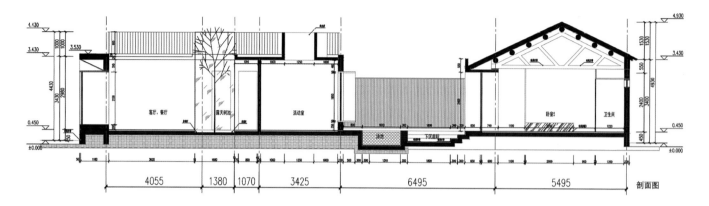

合影小院剖面图 ©DK 大可建筑设计

东闲置的储物空间，主房为双坡屋顶，房间内部梁下净高 2.3m，占地东西 10m，进深 4.5m，院落与主房面积相同。建筑虽坐北朝南但三面相邻其他住户，所以主入口只能设置在西侧，并且紧邻村落支路。进深小、净高低、采光差、私密性不足是此处改造面临的几个问题。

红色的门头设计强调了项目作为民宿经营的引导性，在保证了居住者私密性的同时也为整体灰色调的村落置入一抹生机。建筑内采用大面玻璃将室内空间进行延展，低矮通铺木床增加卧室视觉高度。以白色主色调补充室内采光不足的缺陷。院落则规划成挑高 3.6m 净高的公共区域用以承载厨房、餐厅、客厅等功能所需。客厅部分做成下凹式固定座椅，卧室、餐厅与客厅形成了三个高差，将小面积多功能的属性发挥到最大。西向的主入口利用通廊式的门头顺势将入口方向调整为北向，这样既增加了入户的仪式感也解决了道路直冲入口的私密性问题。

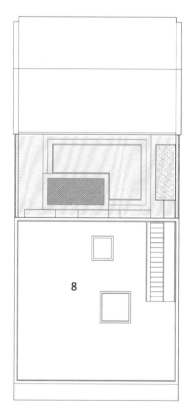

屋顶平面图 ©DK 大可建筑设计

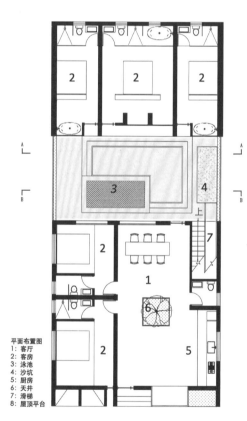

平面布置图
1：客厅
2：客房
3：泳池
4：沙坑
5：厨房
6：天井
7：滑梯
8：屋顶平台

首层平面图 ©DK 大可建筑设计

合影小院院落地面由沥青与防滑大理石铺设 © 金伟琦　　　　　合影小院院落中布置泳池、沙坑及滑梯 © 金伟琦

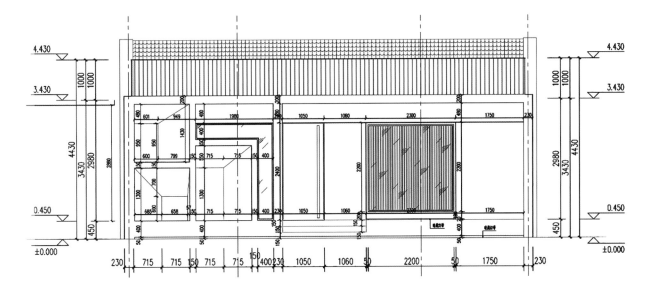

南立面图 ©DK 大可建筑设计

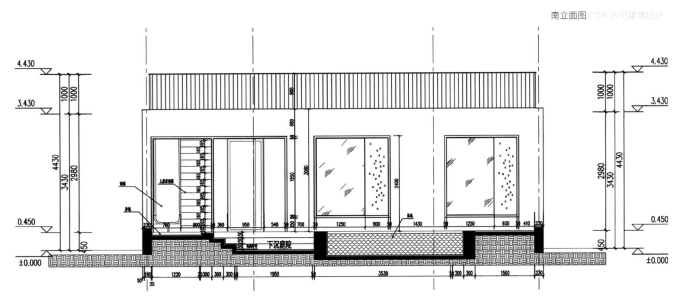

合影小院剖面图 ©DK 大可建筑设计

合影小院室内玻璃盒子 © 金伟琦

低矮通铺木床增加卧室视觉高度 © 金伟琦

合影小院让光重塑空间 © 金伟琦

红影小院餐厅，挑高 3.6m 净高的公共区域用以承载厨房、餐厅、客厅等功能所需
© 金伟琦

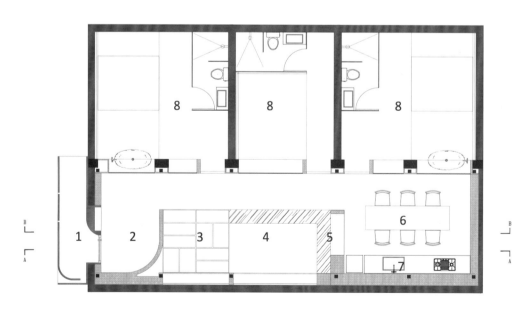

平面布置图
1 大门
2 玄关
3 榻榻米
4 下沉空间
5 吧台
6 餐厅
7 厨房
8 客房

红影小院平面图 ©DK 大可建筑设计

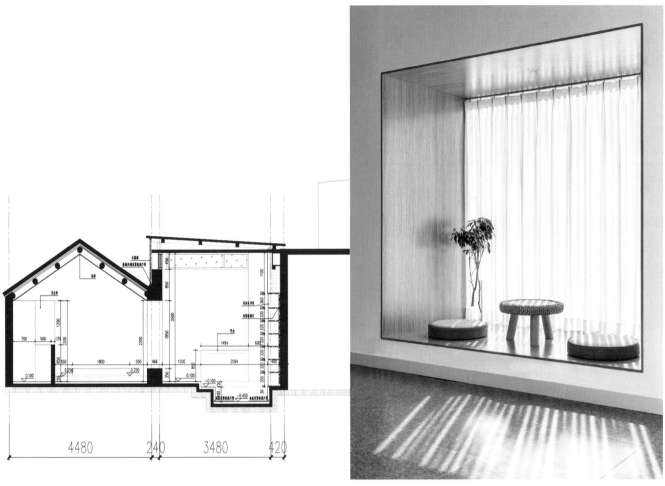

红影小院剖面图 ©DK 大可建筑设计

合影小院公共区飘窗休憩处 ©金伟琦

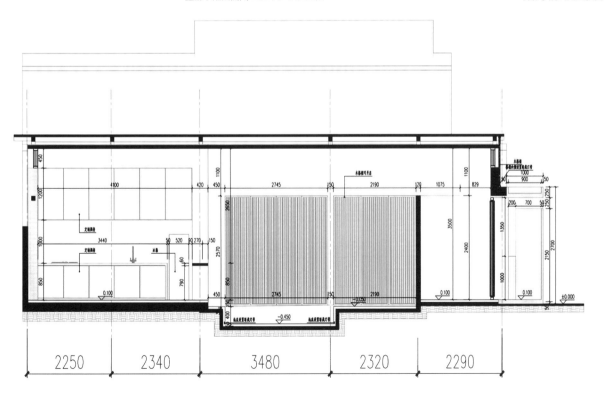

红影小院剖面图 ©DK 大可建筑设计

27

五感觉醒——谱写山谷间的红色交响

◎ 未迟 · 宿云涧

东城渐觉风光好，縠皱波纹迎客棹。

绿杨烟外晓寒轻，红杏枝头春意闹。

浮生长恨欢娱少，肯爱千金轻一笑。

为君持酒劝斜阳，且向花间留晚照。

——《玉楼春 · 春景》：【宋】宋祁

项目名称：未迟·宿云涧
设计周期：2017.10—2020.01
建设周期：2018.03—2020.05
地理位置：湖南省张家界市
用地面积：2500 m²
建筑面积：1000 m²
设计方（建筑 & 室内 & 景观）：素建筑设计事务所 SUA
结构：框架结构
主持 & 主创建筑师：郭少珣
设计团队：姚熠琳，张志坤，刘悦，梁鑫，赵泽伟，徐桦，
韩雨恩，李梦，许文洁，林仙桂
摄影师：唐徐国，赵奕龙

项目简介

　　项目选址位于张家界一个陡峭山坡上，山脊盘旋而上，竖向落差很大。张家界地貌综合了丹霞地貌、石英砂岩地貌的特征却又不尽相同，形成了独具一格的峰林地貌。场地和道路之间隔着陡峭的山坡，山坡上是密集的翠绿树林，野趣横生。

　　设计切入点是对于场地的思考，地势落差很大，与其为了规避严苛的地形条件而将场地粗暴平整，不如让建筑自由沉浸在周遭的一切里，利用地势的落差去布置建筑，使得建筑与场地以一种共生的姿态自然生长。

序曲：相地择材

　　几轮现场踏勘期间里偶然路过一条河流，河流里的红色石块由雨后山上滚落坠入，也将周边河水晕染成微红，松树林高耸挺拔，林木之间层叠的碧绿是场地最原始的印象，红绿相映构成了张家界朴素蓬勃的地貌色彩。借几片红色砂岩去构筑一座山谷间的红色房子，形成了设计的初心。

露台，希望雨水与建筑不是简单直接的介入方式，而是产生对"精神场所"的探索 © 赵奕龙

西侧后花园 © 赵奕龙

总平面图 © 素建筑设计事务所 　　　　　　　　　　　平面分析图 © 素建筑设计事务所

建筑航拍 © 唐徐国

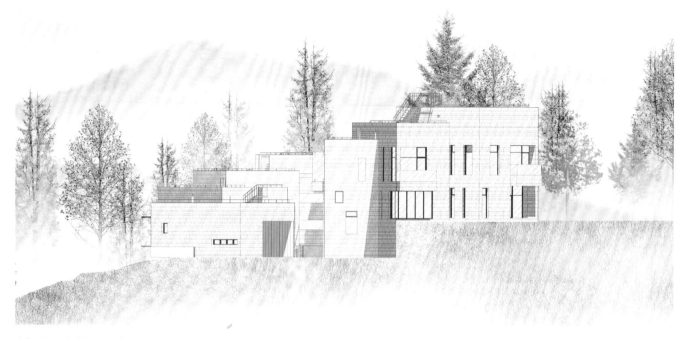

南立面图 © 素建筑设计事务所

建筑入口花园 © 赵奕龙

西侧后花园 © 唐徐国

独白：透明感知

《反对阐述》一书中，苏珊·桑塔格指出："透明是艺术——也是批评中最高、最具解放性的价值。透明意指体验事物自身的那种明晰、或体验事物之本来面目的那种明晰。"

为了保持建筑肌理与自然画布最原始的对话，导向人与建筑最诚实的感知状态，设计中克制了过多对于形的创造和空间韵律的人为阐述，引导人与建筑的多维度对话，注重空间的氛围营造，以恰到好处的沉默，隐身于"不在场"的辗转、体验和共情中。

间奏：五感觉醒

钱钟书先生曾讲到"颜色似乎会有温度，声音似乎会有形象，冷暖似乎会有重量，气味似乎会有锋芒，'红杏'爱'闹'，'燕语'如'剪'，'莺歌'似圆。"

设计中利用场所的秩序关系，将入口放置于山脚的树林，林中步道拾级而上，路径序列在叙事中展开，参与者似乎经历了某种洗礼仪式，从单一的感知中释放出来，丰富了体验维度，倾听着这座红色房子的低声吟唱，安抚了来自尘世间，风尘仆仆的心境。

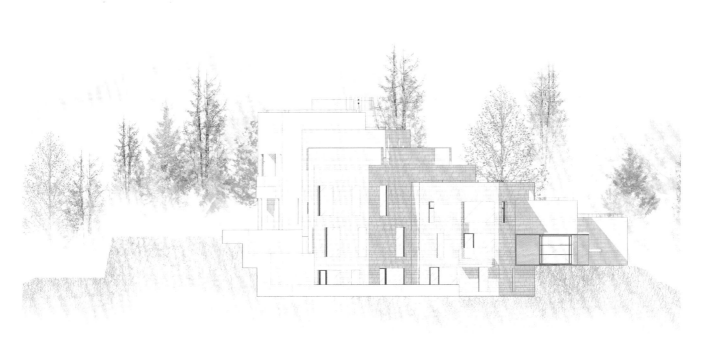

北立面图 © 素建筑设计事务所

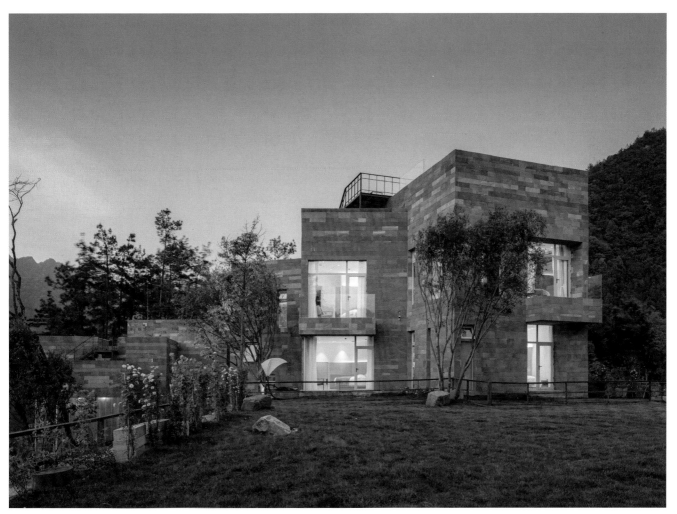

建筑西侧草坪视角 © 唐徐国

宣叙：边界之间

建筑空间的线性叙事由入口开始，内部空间的序列逻辑是外部自然空间的延续和演变，虚化空间的边界概念，建筑形成一种暧昧的空间情绪。将功能所需原本的大体量拆解为七个建筑单元，每个单元都被作为独立的句法对待，实现着各自的功能预设。依着地势盘旋层叠向上，扭转、旋转的空间手法打碎了整体建筑的厚重感，同时模拟了山脉绵延的形态特征。找到句法之间以及场所之间的稳定状态——相互纠缠又相互独立。

建筑内部路径的组织上试图模糊"楼层"的概念，台阶以一种不经意的姿态，散布在空间的内部建筑动线中，消减楼层的高差。空间路径如丝带般不断延伸，曲径通幽，移步换景，纵向联系上更加自由流畅。使得参与者"游山"的体验不被打断而一直延续。

旁白：建造逻辑

最初的设计中考虑布置大规格的岩片，由于现场位于陡峭山坡，使得建筑材料的制作、运输、建造都极为不便，无法运用大型吊装机械，于是将大块的砂岩石片再切小，分割成6类不同尺寸，方便工人独立操作。考虑建筑形态与结构的统一性，平衡建造成

东立面图 © 素建筑设计事务所

西剖面图 © 素建筑设计事务所

门厅入口，台阶以一种不经意的姿态，散布在空间的内部建筑动线中，消减楼层的高差 © 唐徐国

房间窗景，落地窗连通室内外景色，使之融为一体 © 唐徐国

入口门厅，通透的落地窗形成景框，渗透别具一格的自然景观 © 唐徐国

本的同时以一种清晰力学逻辑将 6 类不同尺寸的砂岩石片排列组合，使之在自然的雕塑中呈现粗野的戏剧张力。

建筑内外由叙事性的路径连通，直抵建筑一层。作为重要的公共空间承担着接、沟通、交流等重要功能，将餐厅厨房等辅助空间置于负半层，同时利用体块的扭转形成的天然夹角构筑观景平台。

五个建筑单体作为主要的客房区域，呈现不同的空间状态，通透的落地窗形成景框，渗透别具一格的自然景观，承载独特的居住体验。螺旋通高楼梯作为轴承，将其中三个居住单元形成组团。通过纵向的路径序列串联起另外两个居住单元。整个居住空间形成一个多层次的有机整体，在空间流动上互为因果。

咏叹：高山流水

传统的观念中雨水是财亦是福，四方之财如同天上之水，水聚天心，既是藏蓄之所，也是财禄象征。是一种美好心念的寄托，也是一种神性的隐喻。

设计中希望雨水与建筑不是简单直接的介入方式，而是产生对"精神场所"的探索，将各层雨水引入水槽，让水流层层跌落，从象征的角度来讲，雨水作为神性的隐喻符号，神的时间没有过去和将来，只有现在。让雨水作为丰富整个空间体验的重要组成，尊重此时此刻的感知状态，剥离既定的表象特征，以栖息的诗意渲染整座建筑，最终在底层庭院中画上休止。

雨水以温润的方式流淌过重叠的"建筑之山"，是形与物的缠绵，也是表象与体验的纠葛。设计师在整个设计中，以极致的克制，将人为阐述的存在感降为最低，使得建筑的意义就在体验本身，体验则更是空间的构成。

休息区1© 赵奕龙

茶室，整个空间均用木材衔接，搭配藤编软装，更具禅意 © 唐徐国

休息区2© 唐徐国

入口门厅 © 唐徐国

入口旋转门，运用木材与半透明玻璃组合而成，通透中具有私密性 © 唐徐国

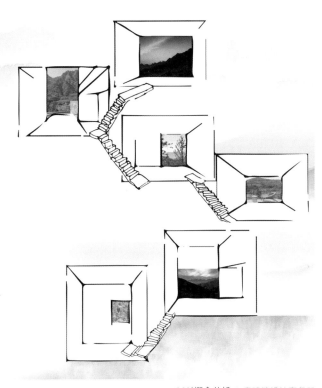

露台就餐区，以景入画

尾声：体验何为

　　建构和谐的建筑与自然，建筑与人的关系是设计师追求的永恒主题，在本次设计中我们试图探讨一种"透明体验"的可能性，建筑从自然中生长，建筑与人的关系从对空间的感知和体验中搭建，共同谱写山谷间的红色交响。

360°概念分析 © 素建筑设计事务所

走廊，自下而上的旋转，蜿蜒伸展 © 赵奕龙

28

转角遇见——另一种『直角之诗』

◎ 十片间

砧杵敲残深巷月，井梧摇落故园秋。

欲舒老眼无高处，安得元龙百尺楼。

——《秋思》【宋】陆游

项目名称：十片间
建设周期：2018.12—2020.03
地理位置：浙江省湖州市德清县乾元镇
建筑面积：621m²
业主：蕨宿·旧城记温泉民宿
设计方：来建筑设计工作室
主创建筑师：唐铭
结构工程师：曾学为
摄影：唐徐国，柯剑波，唐铭

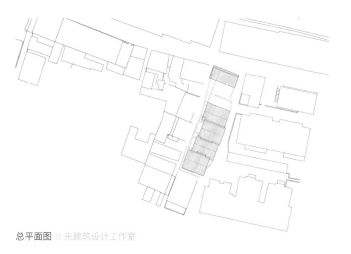

总平面图 © 来建筑设计工作室

片墙高低错落的立面视觉特征 © 唐徐国

引子

　　项目地处江南集镇，位于浙江省德清市乾元镇里的一个老街之中。老街的空间尺度维持了近代的狭路窄巷，仅供步行进入。基地位于老街上一处面宽 10m，进深 40m 的旧宅基，老屋已塌，空留老墙一面。基地南北向狭长，西侧紧邻老民居山墙，东侧有一宽约 2m 的巷道，北侧为老街的沿街面。老街的建筑多为江南地区常见的白墙青瓦的坡屋顶。新建筑需要融入老街的图底关系，却寄希望于有新的图景表现，以满足对话旧的记忆，又符合新陈代谢的兴建之需。

片墙 © 唐徐国

入口正立面© 柯剑波

片之语

　　在中国传统高密度的城镇之中，为了达到封火的目的，户间墙都建成高墙，形成了片墙高低错落的立面视觉特征。而在这样一个1:4的纵向延伸的基地当中，同样将片墙作为形式语言，在横、纵、高三个维度进行布置，最终用五片微斜屋顶，十片横向高墙，三片纵向弧墙，完成了空间六个面的限定和组织。

片之间

　　横向的十片墙，将狭长的基地隔成了十一个不等比例的空间，或为房间，或为庭院，或为设备平台。空间切分的节奏源自对内部需求的重新组织，管线较为集中的卫生间和设备平台夹杂在大的使用空间之中，重复三次。头有内庭，尾有楼梯，形成一种张弛有度，气韵生动的节奏关系。

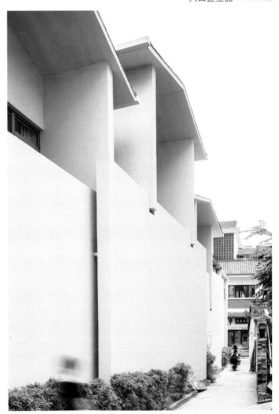

高墙© 柯剑波

具有"弧度"的大门入口 © 柯剑波

房间，具有通透感的洗手池 © 柯剑波

房间，室外看向室内景色 © 唐徐国

入口 © 唐徐国

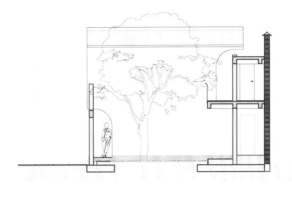

剖面图 © 来建筑设计工作室

主庭院俯瞰 © 柯剑波

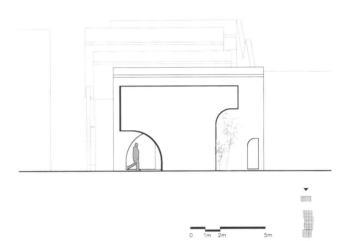

立面图 © 来建筑设计工作室

0 1m 2m   5m

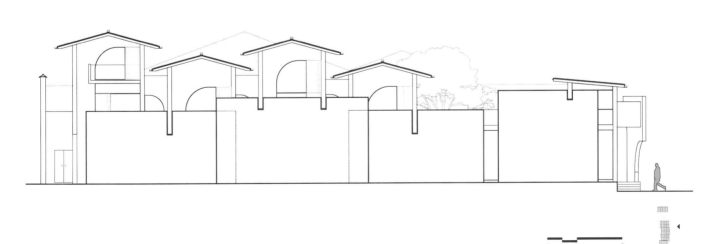

0 1m 2m   5m

立面图 © 来建筑设计工作室

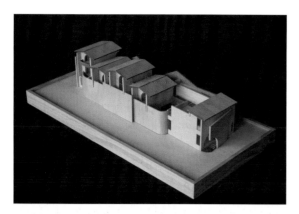

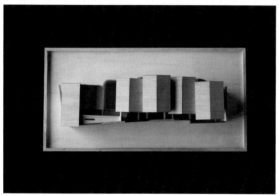

建筑模型 © 来建筑设计工作室

片之下

五片屋顶，尺度上接近于图底关系中的旧民居。覆盖于十一个空间之上。因进深不同，双坡顶覆盖房间，单坡顶覆盖公共区域。屋檐出挑形成灰空间，成为房间的平台抑或穿行于房间之中的折径。

片之势

柱挺立，梁承载，原本泾渭分明的框架体系，通过片墙融为一体，再通过一个圆角将垂直关系柔化，形成了自下而上的挺立转向由浅至远的承载。一次力场的弯折，"势"因此而来。在静态的片之间，片之下，形成动势，片穿越而出。

片之穿

片随势穿透，穿越纵向弧墙，悬臂至围墙之外，向外部展示其势。因此，面的穿越关系需要通过立面的缝隙隐显。

东方美学含蓄委婉，对于激烈的手法操作，被认为是下品。而用"形"表"势"，用"势"表"力"，力的穿越态势，婉转地被表达出来。

房间，具有中式元素的餐桌、椅 © 唐铭

1 主入口
2 咖啡厅
3 房间壹
4 房间贰
5 房间叁
6 房间肆兼茶室
7 房间壹大井院
8 房间贰天井院
9 房间叁天井院
10 房间肆天井院
11 主天井院
12 首层折径走廊

0　1m 2m　　5m

首层平面图 © 来建筑设计工作室

房间，禅意下的茶道品鉴处 © 唐徐国

二层折径植物细节 © 柯剑波

尾声

　　建筑作为人的庇护所，通常需以一种刚毅的姿态立于周边的环境之中，内部的空间与身体的感应和触碰，又需要柔软下来。"直角之诗"是现代主义的雄心，曲柔则是东方美学对于人的深情。建筑因真诚需要有纯粹性，但真诚通常不及温情，东方的诗意和哲学，是柔化了的真诚，不纯粹，却回溯。

　　新房子被旧城包裹，留下的三个小内庭是张望旧城的窗口：八月花开，凌霄满墙，光影流转，时光对于老墙的刻画，满是覆盖了温情的真实。

房间，具有挑高空间的休息区 © 来建筑设计工作室

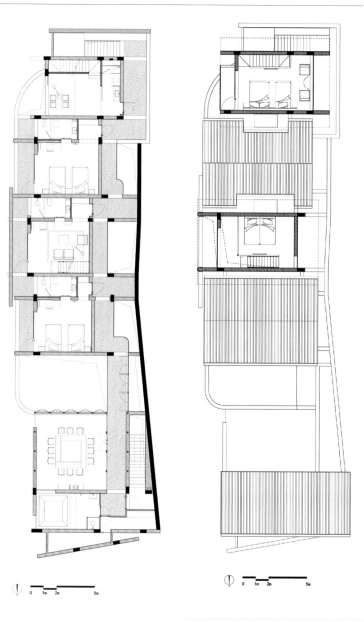

2F 平面图 © 来建筑设计工作室　　　　　3F 平面图 © 来建筑设计工作室

房间，室外保留原有墙体，体现新与旧的交流 © 柯剑波

房间，室内全景 © 唐徐国

咖啡厅一角 © 唐铭　　　　　　　　　　　　　　一层折径 © 柯剑波

咖啡厅品鉴区域 © 唐徐国

© 张超

光·影 ——桂林别居

漓想国创意民宿

相期竹林下，相问竹皮冠。
况是萧萧鬓，华簪非所安。
端居崇朴素，危坐对檀栾。
唯有湘江上，三间时一弹。

——《篝冠》【明】陈子升

项目名称：光·影——桂林别居．漓想国创意民宿客房
空间改造设计
完工时间：2018
项目地点：桂林市平乐县福兴镇阳光 100 漓江文化旅游
度假区 89 栋（别居·漓想国）
建筑面积：50m² / 房
设计顾问：Studio 10
设计合伙人：周实
设计团队：郑鑫，吴香桐，黄子夏，汤鸣（项目助理）
业主：别居 / 拈花文创
摄影师：张超，别居

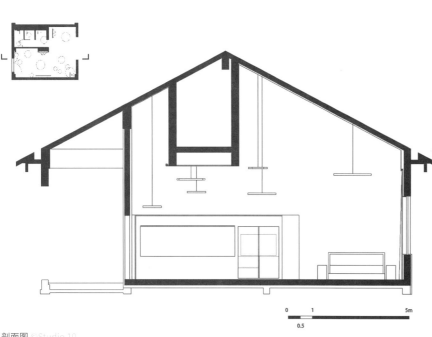

藤编灯具 © 张超

剖面图 ©Studio 10

卧室空间视角一 © 张超

创意民宿"别居"位于桂林市平乐县漓江畔，Studio 10 负责了其中"光·影"主题房型的改造。

在二层通高的坡屋顶空间中，建筑师希望通过材料、光影的运用，探求空间与自然的关系。

改造设计摒除了多余的装饰，通过对于素混凝土、回收旧榆木、竹篾、藤等材料的运用，营造了一个内省、质朴的精神理想国，进而唤起人们对于日常生活中物质、欲望的反思。

整个空间没有任何通顶隔断，使空间通透、流动。因当地盛产竹，富有特色的编织竹制品为建筑师提供了灵感 —— 墙面采用了定制的竹篾模板肌理混凝土，吊灯亦采用在地手工编织的竹筐作为灯罩，一方面增加软质表面，缓解室内回音问题，另一方面也为室内营造出独特的光影效果。

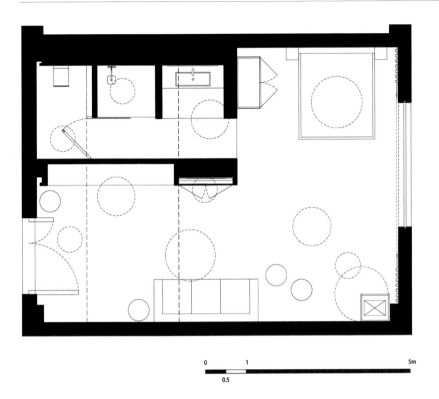

卫生间内的质朴理想空间 © 张超

平面图 ©Studio 10

肌理混凝土与藤制软装完美融合 © 张超

卧室空间视角二 © 张超

素混凝土下的卧室空间 © 张超

卫生间视角 © 张超

竹篾、藤制成的软装 © 别居

梦·迷——桂林别居

📍 漓想国创意民宿

弋言加之，与子宜之。
宜言饮酒，与子偕老。
琴瑟在御，莫不静好。

——《女曰鸡鸣》 【先秦】佚名

项目名称：梦·迷——桂林别居.漓想国创意民宿客房空间改造设计
完工时间：2018
项目地点：桂林市平乐县福兴镇阳光 100 漓江文化旅游度假区 89 栋（别居·漓想国）
建筑面积：70m² / 房
设计顾问：Studio 10
设计合伙人：周实
设计团队：郑鑫，吴香桐，黄子夏，汤鸣（项目助理）
业主：别居 / 拈花文创
摄影师：张超

创意民宿"别居"位于桂林市平乐县漓江畔，Studio 10 负责了其中"梦·迷"主题房型的改造。

设计灵感来源于莫里茨·科内利斯·埃舍尔的绘画作品，建筑师通过一维、二维元素的无缝转换及对于视幻现象的运用，打造了一个神秘、无尽的"不可能空间"。

淡粉色与白色营造出一种静谧又不失清新的内部氛围，与窗外略显杂乱的景色隔绝；所有来自于现实世界的元素（如灯具、电器）被巧妙地隐藏于一系列黑色的"门"后，使空间保持纯净，如梦如幻。

在另一个森绿色主题的房间中，反重力的楼梯通往金色的门扇，门后或许是一条通往另一处秘密森林的小路——你永远不知道下一扇门后有何惊喜。

一层室内空间 © 张超

通向天空的视觉童话 © 张超

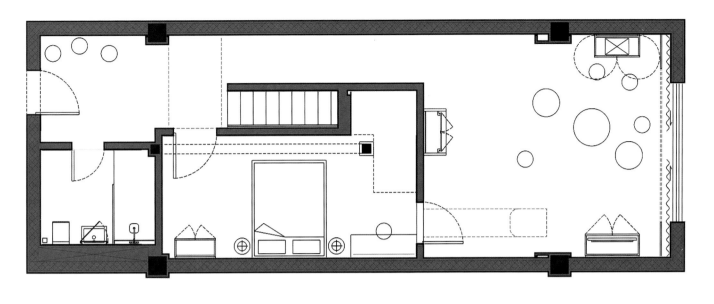

0   1   5m

0.5

一层平面图 ©Studio 10

楼梯打造的视幻现象 © 张超

白色与粉色的奇妙融合 © 张超

一层淡粉色室内空间 © 张超

梦 © 张超

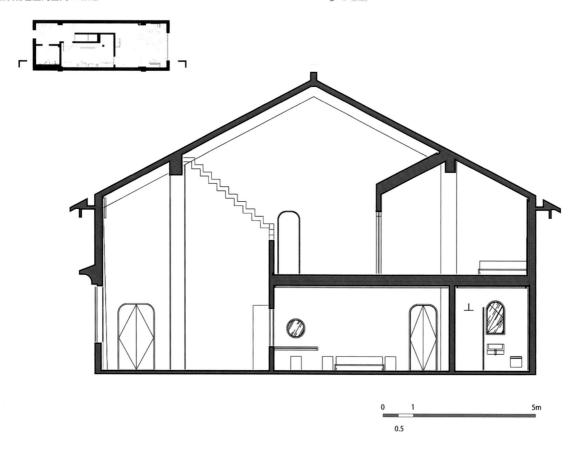

剖面图 ©Studio 10

绿色室内空间 © 张超

大面积绿色空间中的白色点缀 © 张超

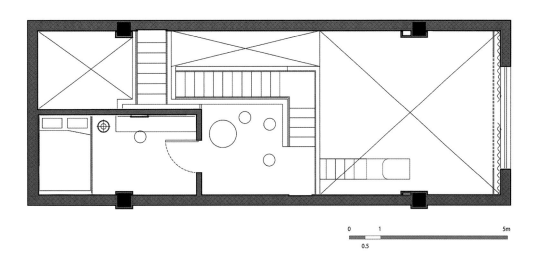

二层平面图 ©Studio 10

作者介绍

郑文霞，现任中国农业大学规划设计院项目负责人，城乡规划师。曾任清华大学美术学院教学管理老师，北京培黎职业学院环艺系主任。中国社会科学研究院哲学（美学）博士，清华大学美术学院环境艺术景观设计硕士，中央美术学院环境艺术设计学士。专业领域：美学研究、乡村规划、校园景观设计、康养设计等。并有《特色养老》《乡村养老》《回归社区》《碳中和时代医疗康养建筑设计指南》等多本论著出版。

郑亚男，大连工业大学新媒体专业特聘讲师，曾任景德镇陶瓷学院美术系讲师。景德镇陶瓷大学环境艺术设计学士，北京服装学院环境艺术设计硕士。专业领域：建筑材料语言研究、建筑美学研究。主编mook杂志书《民宿的软装》《店铺的软装》《童趣的的软装》等，编著女性建筑专业科普系列图书《建筑时装定制》，编著材料艺术语言解读图书《像素墙》《色彩墙》等。

高钰琛，青岛理工大学建筑与城乡规划学院副教授，城市设计教研室主任，清华大学建筑学院、德国亚琛工业大学建筑学院联合培养博士。专业领域：建筑设计、城市设计及其理论、表演建筑学（广义戏剧表演行为导向的建筑学研究）、乡建更新改造。在《建筑学报》《世界建筑》《城市设计》《北京规划建设》等期刊上发表论文多篇。

高红，东北林业大学城市规划硕士。从事出版、国际采编行业多年，主要方向为建筑设计、室内软装、艺术设计、美食旅游等，曾担任《国际软装流行趋势》杂志执行主编及流程编辑，编著作品包括《国际软装流行趋势系列丛书》《筑梦童年：国际幼儿园设计新理念》等。策划畅销书《软欧面包轻松做》《味道的追随者》等。

诗词顾问

马保利，民航机长、飞行教员、南京航空航天大学人文与社会科学学院特聘导师、中央电视台《中国诗词大会》优秀选手。先后登陆中央电视台《中国诗词大会》、湖北卫视、江苏卫视等媒体展示新时代青年形象、参与传统文化节目录制。

王英瑾，现为企业心理咨询师和家庭教育指导师。曾任CPECC大连人力资源部经理，高级经济师，注册人力资源管理师，企业培训师。大连理工大学MBA，天津大学电气自动化学士。